JUIN 1892

LEÇONS DE CHOSES

FAITES A ANNECY

pendant le Concours Régional Agricole

SOUS LA DIRECTION DE

M. ERNEST MENAULT

Commissaire général,

Inspecteur général de l'Agriculture,

ANNECY

IMPRIMERIE J. DÉPOLLIER ET Cie

1892

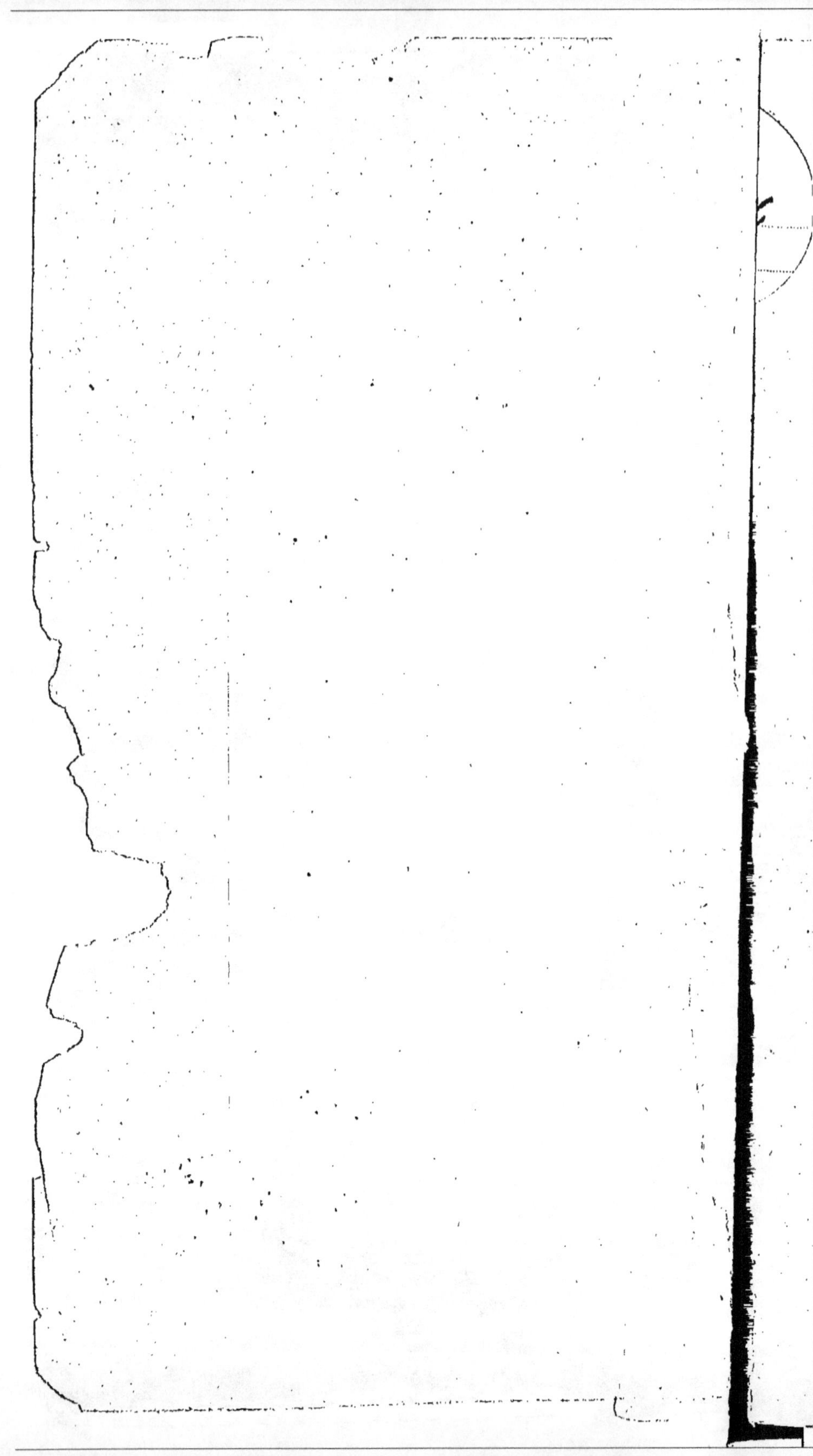

LEÇONS DE CHOSES

JUIN 1892

LEÇONS DE CHOSES

FAITES A ANNECY

pendant le Concours Régional Agricole

SOUS LA DIRECTION DE

M. ERNEST MENAULT

Commissaire général,
Inspecteur général de l'Agriculture,

ANNECY
IMPRIMERIE J. DÉPOLLIER ET Cie
1892

A M. le Dr THONION

DÉPUTÉ D'ANNECY

Veuillez me permettre, mon cher Docteur, de vous dédier ce petit livre des Leçons de choses faites au Concours régional agricole d'Annecy, dans ce pays que vous aimez tant et où vous êtes si justement estimé.

Quand j'ai eu le plaisir de vous connaître, au moment de la tournée de la prime d'honneur, vous n'étiez pas député. Et cependant vous vous intéressiez vivement à la viticulture si éprouvée de la Haute-Savoie.

Vous nous avez fait déguster vos excellents vins d'autrefois; je me rappelerai toujours, comme vous nous en parliez avec émotion, avec le patriotisme d'un vrai vigneron et les regrets d'un connaisseur qui voudrait si bien revoir la reconstitution des vignobles détruits.

Vous nous entreteniez aussi des progrès de l'agriculture, de ceux qui lui restent à accomplir, et vous rendiez hommage à la sollicitude du Gouvernement de la République pour l'enseignement agricole. Aussi, à qui pouvais-je mieux dédier ce livre, aujourd'hui surtout que vous êtes un des représentants de la Haute-Savoie.

Les professeurs des Leçons de choses ne me démentiront pas, et ils mettront avec moi, sous votre protection éclairée, la défense des intérêts agricoles d'un beau département, pour lequel vous connaissez toutes mes attractions et tout mon dévouement.

Ernest MENAULT.

Inspecteur général de l'Agriculture,
Commissaire général
au Concours régional agricole d'Annecy.

PRÉFACE

Je n'ai point voulu laisser paraître les Leçons de Choses faites au Concours régional agricole d'Annecy, en 1892, sans remercier les professeurs qui ont consenti à devenir mes collaborateurs. Ils ont complété l'œuvre agricole déjà commencée dans le remarquable rapport de M. le comte de Villeneuve sur la prime d'honneur, les prix culturaux et les prix de spécialités, et aussi dans le rapport de M. Martin sur les écoles de fromagerie de la Haute-Savoie. Ainsi les concours régionaux deviennent un enseignement utile pour l'histoire agricole des départements où ils ont lieu, ils font connaitre les progrès accomplis et ceux qui restent à réaliser dans l'agriculture et dans les industries qui s'y rattachent. Diminuer encore le nombre de ces concours, serait renoncer à un des meilleurs moyens d'instruire les cultivateurs.

Je commence par remercier M. Masclet, préfet de la Haute-Savoie, pour son excellent discours à la distribution des récompenses, et aussi MM. Froissard, Hollande, Perrier de la Bathie, Raoul Baron, Muller, Sallaz, de Villeneuve et Bernard pour leurs savantes leçons.

J'adresse toutes mes félicitations à M. Rigaux, professeur départemental d'agriculture. A lui, revient l'honneur d'avoir suscité un grand nombre de concurrents et d'avoir, par conséquent, donné tant d'intérêt au Concours régional agricole d'Annecy. Il a de même, par ses leçons, par la création d'un bulletin mensuel agricole et de quatre fruitières-écoles, beaucoup contribué aux progrès de l'agriculture savoisienne.

Merci également à MM. Dépollier et Cie qui, comprenant tout l'intérêt des leçons de choses, ont bien voulu les publier dans leur journal, puis les réunir en volume de manière à les faire connaître le plus possible dans le département de la Haute-Savoie.

Ernest MENAULT.

DISCOURS

DE

M. F. MASCLET

Préfet de la Haute-Savoie

PRONONCÉ

A LA DISTRIBUTION DES RÉCOMPENSES

DU CONCOURS AGRICOLE D'ANNECY

Du 26 juin 1892

MESDAMES, MESSIEURS,

On décore le soldat devant la troupe assemblée sous les armes, le marin à bord de son navire paré du pavillon tricolore.

Pour être moins grandiose, la cérémonie que j'ai l'honneur de présider n'est pas sans analogie avec pareille solennité. La bataille qui vient de se terminer était pacifique, il est vrai, et vos armes seules, Messieurs, sont restées sur le terrain : mais, en somme, la lutte a été chaude, la victoire disputée ; et tous ceux dont nous allons bientôt fleurir la boutonnière ou proclamer le mérite, agriculteurs ou industriels, ce sont bien des soldats, puisqu'ils ont ici combattu pour la prospérité de la patrie française.

Dans quelques instants, une voix plus autorisée vous dira les noms et les états de service de ces privilégiés. Je laisse cette mission à M. l'Inspecteur général Ménault : il louera leur œuvre avec la haute compétence que tout le monde lui reconnaît, mais sans ajouter toutefois (et je veux d'avance compléter sur ce point son discours) que cette œuvre est beaucoup la sienne, que votre triomphe est beaucoup le sien.

Non : ce que je veux surtout mettre en lumière, ce n'est pas l'intelligence ou le talent de quelques-uns, c'est l'initiative de nos populations et leur esprit de progrès, si ingénieux et si méthodique, si sûr de lui-même et de l'avenir, dont chaque effort est un succès, chaque succès un orgueil pour la France.

A ce titre, je n'exagérerai rien et disant que le Concours régional qui va finir restera inoubliable comme il était sans précédent. Ce matin encore, je relisais les journaux, les brochures qui parlent de celui de 1881. Le lyrisme n'y déborde pas. Ce qui fut fait alors était évidemment très honorable, mais on pouvait obtenir mieux, et ce résultat a été atteint. Et pourtant, Messieurs, il paraissait difficile de mettre un beau tableau dans le superbe cadre qui nous environne et nous émerveille chaque jour. Le décor risquait, semblait-il, de faire tort à la pièce : on pouvait craindre que le regard de nos visiteurs ne se portât surtout par delà l'enceinte de l'exposition, vers les beautés éternelles qui la dominent. Il n'en a rien éte : grâce à l'activité et à l'émulation de tous, la Ville d'Annecy a réussi à mettre sous nos yeux un ensemble de curiosités industrielles et de produits agricoles vraiment intéressants et bien particuliers à notre région.

C'est que notre Savoie n'est pas du tout le lieu abandonné des dieux et des hommes que d'aucuns pourraient prétendre... Les dieux d'abord y ont semé sans doute toutes les fleurs de leur paradis, puisque la flore alpestre est réputée sans égale au monde. Quant aux hommes, la République, certes, n'a plus besoin de les inciter à tirer parti de leur sol ; elle leur doit plutôt des récompenses et des encouragements. Eux aussi, eux surtout font des miracles. Vous avez parcouru nos magnifiques vallées, vous avez vu jusqu'à quelles hauteurs vertigineuses nos agriculteurs savent porter le génie de la culture, vous avez constaté avec quelle hardiesse, quelle ténacité ils disputent au rocher, à l'abîme, le plus petit morceau de terrain. Aussi, Messieurs, la bienveillance du gouvernement leur est-elle entièrement acquise, à eux les premiers. Depuis vingt-deux ans que nous nous sommes donné des institutions libérales pour nous relever d'un désastre national, nos gouvernements ont eu à cœur de se tourner vers ces travailleurs modestes dont le labeur est d'autant plus patriotique qu'il est moins bruyant. Autrefois cet homme, ce citoyen n'était, selon le mot un peu dur de Labruyère, qu'un animal farouche et noir, dont le visage semblait attaché à la terre. La République, ne l'oublions pas, lui a permis de relever le front et de devenir un des éléments de la richesse nationale. Et c'est ainsi que cette région, que ce département se sont ouverts au progrès agricole ; c'est parce que nous avons semé à pleines mains et que le terrain était bon que nous récoltons aujourd'hui, et que les principaux lauréats du Concours de 1892 sont précisément des Agriculteurs

Avais-je tort de dire tout à l'heure, Messieurs, que ce peuple était vraiment heureux ? Ah ! je le sais... Il fut un temps où, dans certaines bourgades de notre France, on se faisait de vos montagnards des Alpes une idée assez étrange et tout à fait fausse d'ailleurs. On se les représentait sous les traits de cet humble enfant que la poèsie a popularisé et qui courait les rues de Parie une viole à la main, chantant des complaintes.... La folle du logis, fille de l'ignorance, enfantait ces chimères. .. Il semblait à nos bons vieux grands-pères que vos paysages devaient toujours s'envelopper mystérieusement d'ombre ou de neige, que le soleil, que la vie, n'y descendaient pas.

Tout à une fin, même les légendes. Qu'est devenue celle-ci ? L'éclat de notre fête répond pour vous et pour moi. Je regarde : je ne vois que des visages riants, que tous les signes de l'aisance intelligente et laborieuse :... Et la complainte, qu'est-elle devenue aussi ? Un hymne de fierté civique, le chant des Allobroges. Désormais le cœur de la France bat à l'unisson du vôtre ; et ce n'est pas seulement une forte civilisation que vos hôtes et vos concurrents acclament en vous, c'est une génération bien française, impatiente de mieux faire, soucieuse d'extraire de votre sol toutes les richesses qu'il contient.

L'élan est donné et bien donné. La fleur qui n'aimait, disait-on, qu'à s'épanouir à l'ombre, veut grandir et se laisser admirer au soleil. Les étrangers vous ont rendu le service de forcer votre modestie ; ils affluent dans vos vallées, les villes d'eaux, les casinos, les hôtels, tout ce qui fait un pays prospère surgit de terre comme par enchantement. Votre nature s'anime et s'égaie de couleurs nouvelles. La Savoie est en train de devenir la garden-party de l'univers élégant. Et voici qu'un réseau de tramways, de chemins de fer va s'étendre sur votre pays, l'enserrer de ses mailles, répandre partout une pluie d'or...

Que les poètes, que les amis de la tradition cependant se rassurent ! L'âme de la Savoie n'en sera pas étouffée ; les qualités naturelles de la race, sa simplicité, son bon sens, n'en seront pas même diminués. Les idées d'un peuple ne périssent point par le progrès, elles élargissent leur champ d'action. Les vôtres rayonneront plus loin, hors de cette enceinte de montagnes où vous les avez si longtemps mûries. La sagesse humaine en profitera, et ce sera notamment pour l'esprit français comme une sève nouvelle dont il s'alimentera et se fortifiera. Car l'unité et la valeur morale d'une nation ne sont réelles qu'autant que la fusion est intime entre les tempéraments qui la composent.

Tel est le trait essentiel qu'il m'a paru utile de bien faire ressortir dans cette solennité ; et c'est parce que cette journée représente bien à mon sens l'heureuse communion de plusieurs races dans un seul peuple, que j'applaudis au succès de ce concours et que je trouve légères les récompenses pourtant si nombreuses dont le gouvernement m'a empli les mains.

En terminant, vous ouvrirai-je toute ma pensée ? Vous dirai-je pourquoi vous pouvez demander beaucoup à la République et pourquoi la République vous accordera beaucoup ? Ce n'est pas seulement parce que vous êtes à l'égard de la France, comme le dernier enfant qui lui est venu, et partant, le préféré ; c'est aussi, j'imagine, parce qu'étant très près de la frontière vous êtes très près de son cœur. Qui sait ? peut-être un jour, un jour très lointain, les échos de vos montagnes répercuteront d'autres grondements que ceux de la foudre ; une odeur plus troublante que celle de vos hêtres et de vos sapins flottera dans l'air autour de vous. Ce jour là assurément on verra l'Allobroge revivre dans le Français..

Mais je ne veux pas, Messieurs, changer le caractère de cette cérémonie. Nous sommes venus ici pour fêter les bienfaits de la paix, et nous entendons les fêter longtemps encore, tant que nous pourrons. Nous ne vous demandons qu'une chose, à vous tous nos hôtes et nos amis : c'est de bien aimer la France et la République, de montrer toujours et partout, comme ici, que vous croyez au progrès. Lorsqu'un pays ne compte que de bons citoyens, unanimes à s'entr'aider et à le servir, il n'a rien à redouter de l'avenir ; le temps travaille pour lui, il s'est assuré aux jours d'épreuves une provision de héros.

DISCOURS

DE

M. E. MENAULT

Commissaire général du Concours régional

PRONONCÉ

A LA DISTRIBUTION DES RÉCOMPENSES

Le 26 Juin 1892

Mesdames, Messieurs,

Quand j'ai été désigné pour présider le Jury de la prime d'honneur dans la Haute-Savoie, je ne m'attendais pas, certes, à trouver un si grand nombre de concurrents. Il est tel que jamais, dans aucun département de la France, même parmi les plus peuplés et les plus agricoles, on ne l'a vu semblable.

Cette levée en masse de cultivateurs, de vignerons, d'apiculteurs, de sociétés fromagères, etc., venant disputer les récompenses du gouvernement de la République, est une manifestation éclatante de l'éveil de l'esprit de progrès, de l'action libre et intelligente de l'homme sur les choses, de la confiance dans les conquêtes de la science pour féconder le sol, pour soutenir la concurrence vitale aujourd'hui si ardente chez tous les peuples.

Cette énergie que nous avons constatée chez les Savoyards a un atavisme dont on trouve l'origine chez les Allobroges, leurs ancêtres, qui, plus d'une fois, firent reculer les légions romaines.

Est-il un peuple qui ait eu plus à lutter, à combattre, que le peuple de Savoie ? En est-il un qui, ayant passé sous plus de maîtres différents, ait été plus attiré vers la liberté, vers la France, sa patrie d'origine, et qui soit plus digne de vivre à l'abri des institutions républicaines ?

Cette attraction instinctive vers un gouvernement libre est une bonne condition pour l'agriculture. On l'a dit, il y a longtemps : les terres produisent en raison de la liberté de ceux qui les cultivent. Mais il y a encore deux autres conditions indispensables pour la prospérité agricole : ce sont la paix et la science.

La liberté a été longue à conquérir Il n'en faut point parler au moment de l'invasion des Barbares, non plus que pendant la domination des Burgondes. Les conditions du peuple de Savoie devinrent meilleures lorsque, sous Clovis, il fit partie du royaume de France.

Le démembrement de l'empire de Charlemagne, funeste à la Savoie, la détacha de la Gaule. Elle fut comprise dans la Lotheringie et disputée dès lors par les maîtres de la Gaule et de l'Allemagne.

Elle fit partie ensuite du royaume de

Provence, puis du deuxième royaume de Bourgogne. Enfin elle tomba sous l'autorité des comtes de Maurienne, plus tard comtes de Savoie.

Sous l'autorité de ces comtes, les serfs qui formaient la classe la plus nombreuse étaient, dit Costa de Beauregard, des ilotes voués exclusivement aux travaux des champs. L'usage des armes leur était interdit. Ils ne devaient jamais quitter le sol natal ; ils ne pouvaient ni se marier ni tester sans le consentement de leur seigneur.

Mais, dès le règne d'Amédée Ier, en 1050, l'instinct de la liberté poussa les paysans de Magland en Faucigny à secouer le joug seigneurial.

Trop resserrés dans leur étroite vallée, ils résolurent d'aller s'établir sur le sommet de la montagne; ils construisirent quelques chaumières, puis ils se mirent à défricher l'immense forêt d'Arâches, la transformèrent en terres cultivables. Bientôt les chaumières devinrent plus nombreuses et une commune industrieuse se forma; elle reçut le nom de la forêt.

Cet exemple ne tarda pas à être suivi, et sur les hauteurs de la vallée de la Maurienne et du Faucigny se formèrent de nouvelles communes agricoles, où la vie était dure, mais au lieu de la servitude, de l'abâtardissement physique et moral dans la vallée, c'était sur les hauteurs le grand air, le bon air, c'était la liberté. Aussi, quelle robuste race de paysans se forma sur ces montagnes.

A part ces quelques communes libres, le reste du pays vivait surtout sous l'autorité de l'Eglise; la moitié du territoire appartenait aux abbayes, et les seigneurs s'avouaient même leurs très humbles esclaves. Et pour qu'on ne pût s'y tromper, ils portaient, dit l'histoire, un anneau de fer à la jambe. Un petit Savoyard, qui est devenu un historien de la Savoie, Claude Genoux, que j'ai connu dans ma jeunesse, affirme que toutes les terres de l'abbaye étaient cultivées par 150,000 serfs. D'autre part, la terreur de l'an Mille, la peur de la fin du monde avaient beaucoup contribué à enrichir les abbayes et les églises. Elles comprirent qu'elles avaient intérêt à protéger les cultivateurs ; elles se montrèrent très partisans de la Trêve de Dieu, et dans l'assemblée qui eut lieu en 1036, on délibéra que les églises, les abbayes, les chaumières, les prêtres, les laboureurs, les vieillards, les femmes et les enfants seraient désormais sous la sauvegarde de l'Eglise, et que nul n'aurait le droit de faire acte de guerre dans un intérêt privé, depuis le mercredi jusqu'au lundi matin, non plus que les jours de fête.

Pendant le XIIe siècle, un grand nombre d'abbayes furent fondées en Savoie, et grâce aux biens dont elles disposaient, elles défrichèrent beaucoup de terres incultes.

La Haute-Savoie leur doit la grande route d'Annecy à Genève, travail immense qui n'a pu être opéré qu'après le défrichement d'une vaste forêt qui s'étendait depuis Cruseilles jusqu'au Chablais. C'est encore aux abbayes, selon les historiens de la Savoie, qu'on doit la substitution des châtaigneraies aux pins, aux ormes, aux chênes pour donner aux populations une nourriture saine et abondante.

Les abbayes créèrent dans les campagnes des prieurés, sorte de colonies agricoles qui administraient leurs domaines et levaient régulièrement les dîmes et cherchaient à s'attacher les gens de la campagne par le lien de la foi et l'influence des aumônes.

Les croisades produisirent en Savoie, comme en France, d'heureux résultats. Les seigneurs croisés vendirent leurs terres aux bourgeois habitant les bourgs, et on vit à partir du XIIe siècle se produire un morcellement parcellaire qui fut favorable à la classe agricole.

De plus, l'exemple fourni par la Lombardie et le Piémont qui s'étaient affranchis, puis la bulle de Pascal II qui donna comme par enchantement la liberté à tous les serfs d'Italie, firent naître un grand nombre de villes qui furent peuplées par les serfs affranchis de l'Italie, de la Provence, du Dauphiné et de la Savoie, et qui propagèrent les idées de liberté.

Aussi, voit-on au commencement du XIIe siècle, les chartes de franchise se multiplier en Savoie. Chambéry, Baugé, Evian, Seyssel, Bonneville, Rumilly, Chaumont et Cluses furent affranchis. Et, chose remarquable, les princes de Savoie ne cherchent jamais à déguiser le profit personnel qu'ils attendent de ces concessions. La plupart de leurs chartes contiennent ce motif : *Pour notre utilité*

Au siècle suivant, le Châtelard, Bonne, Sallanches, Thonon, La Roche, la Rochette, Annecy furent à leur tour affranchis. Les concessions ou privilèges des chartes se résument en libertés accordées aux personnes et sûretés garanties aux propriétés.

Entre autres prérogatives, si les bourgeois affranchis, les francs bourgeois avaient un troupeau, ils pouvaient le faire paître sur toute terre non ensemencée du territoire de la commune.

Les affranchissements servirent aux comtes de Savoie pour combattre le pouvoir temporel des évêques et la puissance des hauts barons. Ils trouvèrent dans les affranchis des bras pour soutenir leur cause.

Il paraît qu'il n'en fut pas toujours ainsi sur les domaines des évêques et des abbés. De fréquentes révoltes de paysans et de bourgeois eurent lieu contre les abbés et surtout contre leurs fermiers avides, chargés de percevoir les dîmes.

Les habitants de la vallée d'Abondance se firent remarquer par leur lutte contre le despotisme des abbés. Leurs syndics ne cessèrent de le combattre par l'association, par le recours aux princes, par la résistance passive, par l'appel aux armes. Le conflit commencé au XIe siècle ne finit qu'au XVIIIe.

Sous les comtes de Savoie, Amédée, Edouard dit le Libéral et Aymond, des guerres désastreuses de seigneur à seigneur et aussi les exactions exercées sur les villages firent grand tort à l'agriculture; un mécontentement général se traduisit par la Jacquerie de Maurienne.

Amédée le Grand et Edouard le Libéral avaient brisé par les armes et par la diplomatie la coalition des seigneurs. Aymond le Justicier compléta leur œuvre et organisa l'administration judiciaire; il régularisa, en la généralisant, la vieille institution municipale de l'avocat des pauvres, que la France devait emprunter cinq siècles plus tard à la Savoie.

Les assemblées provinciales devinrent plus fréquentes; les intérêts du Tiers-Etat furent défendus, les offices de l'administration civile lui furent concédés et, chose curieuse, on y décida l'uniformité des poids et mesures, la statistique des produits agricoles, la prohibition des réserves de grains.

Sous Amédée VI, aux guerres vinrent s'ajouter les mauvaises récoltes, la famine et la peste. En 1345, les pluies d'automne furent telles qu'on ne pût semer ou que le blé fut gâté en terre. L'année suivante fut non moins désastreuse ; les pluies torrentielles du printemps firent que le blé, le vin et l'huile manquèrent à la fois. Les prairies furent inondées; les herbages et les grains faisant défaut, on fut obligé de tuer les bestiaux ; la famine devint générale et le prix de toutes les denrées augmenta de cent pour cent.

Les expéditions du comte Vert en Italie, ses guerres avec Milan furent encore une charge pour les gens de la campagne. Notons cependant la création de quelques routes en Savoie, en Bresse, en Bugey; elles permirent aux habitants des montagnes du Faucigny, de la Maurienne et de la Tarentaise d'échanger leurs produits avec les autres provinces des plaines; ces voies de communication favorisèrent le commerce des fromages et des mulets.

Amédée VII fut aussi un guerrier qui se distingua à la bataille de Rosbecque où les Gantois furent vaincus; il battit les Valaisans et fit la guerre pour le compte du roi de France contre le duc de Bretagne. Sous ce règne, les hommes ayant sans cesse les armes à la main, les femmes s'occupaient presque seules des rudes travaux des champs. Aussi l'agriculture fut nécessairement très négligée.

Sous Amédée VIII, guerrier, diplomate et administrateur, fut publié, en 1430, sous le nom de Statuts, un code tout entier de politique, de justice, de procédure et d'administration. Ce fut un résumé de la coutume de Savoie. Le servage y fut maintenu. En Savoie, le taillable ne pouvait s'affranchir en abandonnant le fonds servile. Sa qualité de serf le suivait partout; cette tache indélébile s'opposait à ce qu'il put conquérir sa liberté, et s'il déserte la terre de son seigneur, *il commet le vol de son propre individu*.

Il pouvait, il est vrai, en payant 30 livres comptant, racheter sa liberté, mais il fallait l'agrément du seigneur. Et 30 livres, à cette époque, c'était une somme importante, quand on songe qu'un litre de vin, une livre de fromage, une livre de pain coûtait un denier. Avec 30 livres, un seigneur pouvait acheter trois paires de bœufs ou trois magnifiques chevaux.

Et chose curieuse, à côté des rigueurs pour le serf, pour l'être humain, à Seyssel, on punissait d'amende quiconque frappait un chien sans motif.

L'abdication d'Amédée-Félix livra la Savoie aux faibles mains du duc Louis et aux fantaisies d'une étrangère, Anne de Chypre, sa femme, qui fut uniquement préoccupée de vains plaisirs. On laissa l'intrigue et la corruption se donner libre carrière.

Les gens de la campagne furent accablés par l'arbitraire des collecteurs d'impôts, et jusqu'au XVIe siècle, l'impôt fut réparti en trois taxes : taxe sur les objets de consommation et d'échange, taxe de justice, taxe sur la propriété foncière.

Dans les campagnes, on percevait le culmagium ou focagium, impôt sur toute maison ayant foyer et crémaillère, le champart sur les terres à blé, le vaccagium ou droit de parcours, l'alpagium ou droit de pature, etc.

Les assemblées des Etats généraux protestèrent avec vigueur contre les abus de l'époque.

Au commencement des temps modernes, les ducs de Savoie, tantôt alliés, tantôt ennemis des rois de France, inclinèrent bientôt vers la puissante Maison d'Autriche. En effet, à partir du règne d'Amédée IX, depuis le 2 novembre 1462, date de l'assemblée des Trois Cents, jusqu'au 10 décembre 1508, la Savoie fut sous le protectorat de la France.

A la mort d'Amédée IX, sous la régence d'Yolande, de grands fléaux s'abattirent sur la Savoie. La guerre civile, les intempéries d'hivers rigoureux, d'été pluvieux, la peste, la famine, l'alliance avec les Bourguignons coûtèrent cher à la Savoie.

Les Etats donnèrent les subsides nécessaires à la régente pour *bouter hors du pays les gens d'armes et de guerre qui lors en grand nombre y estoient fichez par toutes pars*... et aucuns *lesquels sous coleur de governer et régir le dit pays le fouloyent et gastoyent moult grievement.*

Sous Charles Ier, Charles II, c'est toujours la guerre aggravée par les rivalités des provinces qui se disputent le choix de la capitale, résidence de la cour.

A cette époque, durant l'été de 1492, une Jacquerie se forma dans le Faucigny. Elle fut déterminée par les disettes, les pestes, les inondations, par les rigueurs des seigneurs qui se ruinaient à la cour. Les denrées que les paysans leur donnaient en payement de leur fermage, ne leur suffisaient plus; il leur fallait de l'argent; mais à l'exception de quelques émigrants, soldats ou maçons, éleveurs de mulets et fabricants de fromages, qui pouvait se procurer de l'argent?

Poussés à bout, les paysans s'insurgèrent, attaquèrent et brûlèrent quelques châteaux. Des profondeurs de la vallée de Sixt, des bouches de la Dranse aux sources de l'Arve, des bandes de paysans armés de faulx, de vieilles rapières et quelques-uns d'arquebuses se donnèrent rendez-vous aux portes de Cluses. Ils avaient à leur tête un paysan de Megève, Jean Gay, qui avait combattu à Grandson et à Morat et voulait faire de son pays une république démocratique, un canton agrégé à la République helvétique.

Pendant deux ans, les Jacques inquiétèrent la cour. Mais le comte de Bresse, d'accord avec les avoyers de Berne et de Fribourg, attira les chefs du mouvement à Genève, puis les désunit, les désarma et les fit pendre.

Malgré le peu de documents qui nous restent sur l'agriculture au xve siècle, il est cependant établi que les moines apportèrent quelques méthodes nouvelles et surtout l'exemple de la persévérance et l'influence de l'argent; ils s'occupèrent de la culture de la vigne. Nous rappellerons à ce sujet que Columelle parle des vins des Allobroges, âpres et mélangés de poix, fort appréciés par les Romains de la Viennoise. Les moines établirent de vastes fermes ; ils ouvrirent d'importants débouchés à la production ; ils se firent industriels et commerçants. Ceux d'Abondance se livrèrent au commerce de blé et de bestiaux avec la Suisse, mais ils durent transiger avec les montagnards voisins, révoltés de subir leur concurrence sur les marchés du Chablais.

Mais la périodicité des guerres et des pestes appauvrit tellement le pays que l'émigration devint une nécessité. La pauvreté du pays était proverbiale. Quantité d'édits d'allégeance ou de réforme de justice sont motivés *par povreté et misère extrême du pays de Savoye.* Si le duc Philippe avait osé, en 1496, supprimer le péage de ses Etats, la région des Alpes serait restée la grande route commerciale entre le Nord et le Midi.

Plus tard, le duc Charles III s'unit à Charles-Quint. Alors François Ier envahit la Savoie (1534-1536); il la soumit, et le fils de Charles III, Emmanuel-Philibert, privé de ses domaines, fut réduit au simple rôle de lieutenant de Charles-Quint. Il combattit les Français avec acharnement. Il gagna avec les troupes espagnoles, sur l'armée du connétable de Montmorency, la bataille de Saint-Quentin (1557), et la paix de Cateau-Cambrésis (1559) lui rendit ses Etats.

Le peuple de Savoie regretta généralement la domination française parce qu'elle donnait beaucoup plus d'aliment au commerce. Le duc Emmanuel-Philibert fut un excellent diplomate ; il abaissa la noblesse et contint les ordres monastiques qui étaient au moins au nombre de vingt dans le pays et possédaient la partie la plus précieuse des biens-fonds.

Par un édit du 2 mars 1563, il ordonna que les religieux, évêques, abbés, chanoines, n'auraient dorénavant droit à aucune succession directe ou collatérale, les déclarant par le fait de leur profession inhabiles à succéder. Par un autre édit du 20 octobre 1567, les communautés religieuses furent déclarées incapables d'acquérir désormais non seulement des fiefs, mais toutes sortes de biens-fonds, sans avoir obtenu du duc des lettres de capacité. Et encore devaient-ils payer, de 20 en 20 ans, la sixième partie de la valeur de ces immeubles.

L'agriculture fut l'objet de la sollicitude d'Emmanuel-Philibert. C'est lui qui le premier fit planter une immense quantité de mûriers qui couvrirent le sol du Piémont; le premier, il donna l'idée des canaux d'irrigation; il établit des filatures de laine.

Par l'agriculture, l'industrie et le commerce, il releva la Savoie et lui fit oublier ses malheurs passés, mais en transférant le siège du gouvernement de Chambéry à Turin, il abandonnait la Savoie. Et dès ce jour, comme on l'a dit, on pouvait prévoir que la Savoie rentrerait dans l'unité française.

Le règne de Charles-Emmanuel, qui dura 50 ans, ne fut qu'une longue suite de guerres ruineuses pour les paysans. Le traité de Vervins (2 mai 1598) suspendit la guerre qui, pendant 18 ans, avait désolé le pays, mais elle ne tarda pas à recommencer pour être plus fatale encore. Henri IV s'empara de la Bresse, du Bugey, du Valromay, du pays de Gex, conquêtes confirmées par le traité de Lyon, 1601.

La Haute-Savoie eut surtout à souffrir des guerres religieuses. Les protestants de Berne favorisèrent l'établissement de la Réforme dans le Chablais, et les ducs de Savoie durent lutter contre eux et contre les troupes de Genève.

Comme la Savoie, la Haute-Savoie fut entraînée dans les guerres des XVIIe et XVIIIe siècles; les ducs suivirent la politique de leur intérêt. Alliés de la France pendant la guerre de 1733, ils devinrent ses ennemis pendant la guerre de la succession d'Autriche ; ils revinrent à elle après la paix d'Aix-la-Chapelle.

J'ai déjà trop abusé de votre bienveillante attention pour entrer dans le détail de ces guerres, mais je ne puis passer sous silence deux documents importants. L'un est un mémoire de M. de Bonnaire, daté de 1742, dans lequel l'auteur étudie tous les services publics et toutes les ressources qu'on pourrait tirer de la Savoie, si l'Espagne qui l'occupait venait à la céder à la France. Il est question, dans ce travail, des productions du sol. Nous y voyons que presque toutes les terres sont possédées par les gentilshommes du pays, et ils y jouissent, comme en France, de différents droits utiles et honorifiques, mais il en est peu qui soient titrés et d'un revenu considérable. Les héritages en roture qui en dépendent, outre la taille qui est réelle, sont chargés de cens, redevances envers les seigneurs. Ceux-ci les affranchissent quelquefois à prix d'argent ; mais, en ce cas, l'affranchissement ne peut avoir lieu qu'autant qu'il se trouve confirmé par le souverain auquel on paie pour cela pareille somme que celle convenue avec le seigneur et même quelque chose de plus.

Voilà où en était la liberté humaine en Savoie quelques années avant la Révolution française. Aussi, on comprend comment les Savoyards ont accueilli avec enthousiasme une Révolution qui était si bien l'expression de leurs sentiments et de leurs aspirations.

Le cadastre, cette opération qui aurait dû être si utile à l'agriculture, était loin d'avoir produit les résultats que les gens de la campagne en attendaient.

« Il est douloureux, dit de Bonnaire, d'avouer que sa création, unique alors en Europe, ne profita d'abord qu'à l'occupation espagnole de 1742 à 1748, pour quadrupler momentanément les impôts. »

Cette occupation coûta à la pauvre Savoie 8,352 louis d'or d'Espagne par mois, sans compter toutes les fournitures en nature pour les troupes : on estime à 30 millions la somme perçue par les Espagnols. Le peuple savoyard, si dévoué, si fidèle à son prince, fut réduit à la dernière misère. Aussi, quand venait le printemps, que le pinson commençait à se faire entendre, il croyait distinguer dans son chant d'espoir ces paroles :

Est-ce que nous verrons bientôt partir les Espagnols ?
Est-ce que nous verrons bientôt partir les Espagnols ?

En ce qui concerne la situation de l'agriculture, elle est exactement décrite dans l'ouvrage de M. Costa : *Essai sur l'amélioration de l'agriculture dans les pays montueux et en particulier en 1774*. « La Savoie, dit-il, dort au milieu de ses voisins déjà réveillés.

« Nos fonds rendent peu et paient à peine nos sueurs et nos dépenses, mais leur état de misère vient de notre manque de bonne culture, et ils sont tous susceptibles d'amélioration.

«En certains lieux, nous nous épuisons à labourer sans cesse et nous donnons jusqu'à cinq labours pour avoir une seule récolte de froment qui souvent est très médiocre.

« En d'autres, nous sommes toujours en disette de fourrages ; nous laissons pousser l'herbe après la moisson pour la faire pâturer.

«Ces champs servent ainsi plusieurs mois de pâturage, puis nous les resemons et nos récoltes sont toujours chétives.

« Nos bestiaux sont petits et misérables, hors en quelques lieux où des particuliers curieux les soignent, selon les bons exemples des Suisses.

« Et comment l'espèce de notre bétail en serait-elle belle? A peine retirons-nous du fourrage pour le sauver des hivers! Combien de fois même, dans les montagnes, n'est-on pas obligé, dans les dures extrémités des neiges et des gelées, de découvrir les toits pour leur donner le chaume enfumé, aride, qui les couvre. Aliments empestés qu'ils ne mangent que poussés par une faim excessive »

Cet état malheureux, dit Costa, paraît désespéré au premier coup d'œil ; néanmoins, il estime qu'on peut plus que doubler le revenu de la terre ; et pour arriver à ce résultat, il donne des conseils très judicieux sur les instruments, les engrais à employer, les assolements à suivre, les animaux à élever, les semences à choisir, les plantations à faire, le sort des grangers ou métayers à améliorer.

Tel est, Mesdames et Messieurs, à grands traits, l'esquisse historique, bien imparfaite sans doute, de la condition des terres et des personnes dans la Savoie avant 1789.

M. Perrier de La Batie, professeur départemental d'agriculture de la Savoie, dans sa leçon au Concours, a retracé d'une façon très remarquable les progrès agricoles depuis cette époque.

D'autres professeurs distingués ont fait connaître la géologie agricole de la Haute-Savoie, la situation des fruitières et des écoles de fromagerie, l'apiculture, la manière de reconnaître la chaux dans les terres, la fabrication du cidre.

M. Baron, le savant professeur de zootechnie de l'Ecole nationale vétérinaire d'Alfort, nous a donné sur le bétail exposé au Concours une très remarquable leçon de choses, qui a charmé, instruit et émerveillé ses nombreux auditeurs

M. le comte de Villeneuve va, dans quelques instants, vous lire son excellent rapport sur les concurrents que nous avons visités.

Ainsi, Mesdames et Messieurs, vous aurez l'histoire agricole de votre département et des industries qui s'y rattachent.

Quant à moi, par les études que j'ai faites sur votre pays, je me suis convaincu une fois de plus que la guerre est le plus grand fléau de l'agriculture.

Heureusement, sous le gouvernement de la République — vingt ans déjà de paix nous le prouvent — nous sommes à l'abri des guerres civiles, des guerres de dynastie, où, pour l'ambition d'un prince, d'un roi ou d'un empereur, on sacrifie les intérêts de tout un peuple.

La République veut la paix, et c'est pour cela qu'elle est aujourd'hui sérieusement préparée pour se défendre contre la guerre. C'est non seulement un gouvernement pacifique, c'est aussi — heureusement pour l'agriculture — un gouvernement où la science est en honneur.

Jamais, je le dis hautement, sous aucun régime, l'enseignement agricole n'a été plus encouragé; jamais il n'a été plus fécond en résultats.

Le Ministère de l'Agriculture, sur la demande des jurys, a donné 622 médailles, dont 370 pour le département de la Haute-Savoie, et, sur 42,460 fr. d'encouragement, 25,020 fr. ont été distribués dans votre pays.

Ah! laissez-moi espérer que tous ces encouragements, ces bonnes semences porteront tous leurs fruits. Vous tous, agriculteurs, cultivateurs de progrès, vous continuerez à perfectionner vos méthodes culturales, vous augmenterez votre production fourragère et, par suite, la quantité de votre bétail de travail et de lait; vous sélectionnerez votre bonne et utile race d'Abondance, vous développerez votre industrie fromagère, vous emploierez judicieusement les engrais chimiques, vous choisirez vos semences, vous reconstituerez vos vignobles, et ainsi vous augmenterez la prospérité de votre beau département.

Et vous, Messieurs les Sénateurs et les Députés, vous qui êtes chargés de défendre les intérêts de ce pays, vous, si républicains, vous continuerez à lui prêter l'appui de votre intelligence et de votre dévoûment.

Aussi bien, vous serez toujours les défenseurs ardents et convaincus des institutions républicaines, protectrices de l'agriculture. J'en ai la certitude par ce que vous avez déjà fait pour elle, et aussi par l'heureuse pensée que vous avez de célébrer le Centenaire de votre incorporation à la République française, à votre Patrie d'origine, au Peuple que vous avez toujours aimé, aux idées démocratiques que vous avez toujours défendues et au besoin de liberté qui unissent désormais indissolublement les départements de la Savoie à la France, la plus généreuse, la plus humaine des nations, qui n'oubliera jamais comment en 1870, unis pour la même cause, vous vous êtes tous montrés des patriotes français, puis des adhérents résolus de la République. »

CONFÉRENCE

SUR

L'APICULTURE EN FRANCE

ET PARTICULIÈREMENT EN HAUTE-SAVOIE

PAR

M. C. FROISSARD

Apiculteur-Vulgarisateur

A ANNECY

Mesdames, Messieurs,

Il y a une douzaine d'années, nous n'étions que trois apiculteurs mobilistes en Haute-Savoie.

Nous avions eu la chance d'être initiés aux méthodes nouvelles par un éminent apiculteur suisse, qui a rendu et continue à rendre de grands services à la cause des abeilles. Je veux parler de M. Edouard Bertrand, directeur d'une revue internationale comptant de nombreux abonnés.

On ne nous reprochera pas d'avoir fait preuve d'égoïsme, car, à notre tour, nous nous sommes efforcés de former des élèves dans notre région.

Cette tentative nous a réussi au-delà de tout espoir, et c'est avec une vive satisfaction que je constate des résultats qui font honneur à nos intelligentes populations.

De toutes parts, des ruchers ont été installés, et je ne crois pas me tromper en affirmant que notre département figure aujourd'hui en première ligne, dans la statistique apicole de la France.

En 1888, je me suis trouvé en rapport, au Palais de l'Industrie, avec un inspecteur général distingué du ministère de l'agriculture, M Ernest Menault, commissaire général de notre concours actuel d'Annecy. L'agréable surprise m'était réservée de le revoir l'an dernier, lorsqu'il vint visiter les exploitations de nos concurrents aux prix culturaux et aux prix de spécialités. Or, savez-vous de quoi il s'enquit tout d'abord ?... Il désirait savoir si la ruche à cadres mobiles commençait à être connue dans nos vallées. C'est qu'il est un ami des abeilles, et je me plais à noter en passant, sa modestie dût-elle s'en effaroucher, qu'il a beaucoup contribué au développement de l'apiculture dans son département de Seine-et-Oise.

M. l'Inspecteur général a pu se rendre compte par lui-même, au cours de sa tournée, des progrès qu'en peu d'années nous avons réalisés. Il a eu à faire la visite officielle de dix-neuf exploitations apicoles importantes, ce qui ne s'était encore vu nulle part en France ; et les jouteurs, dans cette lutte pacifique, auraient pu être non pas dix-neuf seulement, mais cinquante et même davantage.

Cette situation ne pouvait manquer de le frapper ; il a apprécié jusqu'où peut être poussée une idée utile, et si, depuis lors,

M. le Ministre de l'agriculture a bien voulu me confier le soin de faire de la propagande en son nom, notre dévoué commissaire général n'a pas été étranger à cette mesure.

Il m'eût donc été difficile de me soustraire à l'honneur que m'a fait M. Menault, de me choisir pour vous parler d'apiculture à l'occasion de notre concours d'Annecy. Mais je me suis chargé là d'une tâche délicate, et j'ai grandement besoin de votre bienveillance. N'attendez d'ailleurs de moi qu'une simple causerie, quelques indications de gros bon sens sur l'élevage rationnel des abeilles. Le sujet est assez séduisant en soi pour qu'un passionné, un convaincu, ose l'aborder devant vous sans recourir à aucun artifice de langage.

Tout à l'heure, je signalais les remarquables progrès que nous avons accomplis en Haute-Savoie ; mais il ne faudrait pas en conclure qu'il n'y ait plus rien à faire, car, dans beaucoup de communes encore, nos agriculteurs laissent perdre de précieux produits mellifères, avec une déplorable incurie. Les vallées des Alpes sont véritablement le paradis des abeilles : « Ah ! cher confrère, m'écrivait, il y a quelques années, un vénérable apiculteur qui n'est plus, M. Boissy, vous me portez envie ; vous habitez une région privilégiée ; pays de lait, pays de miel ; et quel nectar incomparable ! » En 1890, trois maîtres dont la réputation est universelle, MM. Cowan, Bertrand et de Layens, après avoir parcouru une partie du département, me faisaient des réflexions analogues et étaient émerveillés de leur excursion apicole. L'un d'eux, M. Cowan, le doyen, je crois, des apiculteurs anglais, a publié de cette excursion un compte-rendu élogieux; mais, j'ai le regret de le dire, à ses élans d'enthousiasme s'est mêlé un étonnement justifié, visant les localités retardataires. Aussi, j'adresse l'appel le plus pressant à ceux de nos agriculteurs qui, jusqu'ici, ont résisté au mouvement général d'impulsion ; leur inertie est d'autant moins excusable qu'ils ont à leur portée des apiculteurs animés d'une absolue bonne volonté, et tout désireux de leur montrer la route à suivre.

Cette réflexion faite incidemment, on comprendra qu'aujourd'hui mes préoccupations se portent de préférence sur les aimables visiteurs qui ont bien voulu honorer de leur présence notre concours Il m'a paru que j'avais à remplir ce devoir d'urbanité envers eux qui, moins bien partagés, la plupart, que nos populations, n'ont personne pour guider leurs débuts en apiculture. Vous emporterez certainement, leur dirai-je, une agréable impression sur Annecy, sur son lac et ses montagnes aux aspects empoignants, sur ses habitants hospitaliers ; je serais heureux de pouvoir, par surcroît, inspirer à quelques-uns de vous le goût des abeilles.

Ma première pensée avait été de vous consacrer une leçon de choses, avec le matériel accoutumé d'une exploitation apicole. J'ai abandonné cette idée, et vous vous direz sans doute, comme moi, que cet exercice, sans abeilles, aurait manqué d'entrain et de piquant. Au surplus, vous trouverez ce matériel sur le champ du concours, et des spécialistes qui se feront un plaisir de vous en expliquer l'emploi. En outre, je me mets volontiers à la disposition de ceux d'entre vous qui auraient des renseignements à me demander ; ils pourront aussi se concerter avec moi pour venir voir mon rucher, et je leur promets qu'ils seront les bienvenus. Je vais donc me renfermer, pour le moment, dans le domaine de la théorie pure.

Je ne sache pas qu'il existe, dans la vie rurale, une distraction plus attachante que l'élevage des abeilles. L'apiculture, quand on y a mordu, est un engrenage dans lequel on est sûr de passer tout entier ; on ne se lasse pas d'observer ces républiques si bien organisées, et qui nous fournissent de si merveilleux exemples de travail, de prévoyance, de solidarité, de courage civique. Et puis, cet élevage constitue une spécialité lucrative, ce qui n'est point à dédaigner. Enfin, n'oublions pas que les abeilles sont les auxiliaires naturels de l'agriculteur : ce sont elles, en effet, qui améliorent les fruits de nos vergers ; c'est grâce à elles que sont fécondées, au moins en partie, les plantes de nos prairies et que la dégénérescence en est évitée ; les expériences faites à cet égard par le savant Darwin sont devenues des articles de foi.

M'objecterez-vous que vous appartenez à une région qui n'a pas les richesses mellifères de nos vallées ? Cela peut être vrai jusqu'à un certain point ; mais, ainsi que je l'exposais il y a quatre ans à M. le Ministre de l'agriculture, la France, envisagée dans son ensemble, est un pays à miel par excellence, en raison de sa topographie, de son climat, de la moyenne de ses altitudes et de la nature de ses cultures dominantes. Quelle que soit la contrée que vous habitiez, je vous garantis que les abeilles vous paieront avec ampleur des soins que vous leur donnerez, s'ils sont intelligents.

Ou bien encore, seriez-vous retenus par la crainte d'être piqués ?... Mais c'est un préjugé, les piqûres d'abeilles. Vous n'allez pas vous figurer, j'aime à le croire, que quelques petites ventouses improvisées vous feront mourir. Il faudra vous en réjouir, au contraire; vous aurez, tout trouvé, un traitement gratuit et efficace contre vos rhumatismes. Je ne prétends point, cependant, vous guérir malgré vous ; si vous redoutez les piqûres, vous vous en préserverez au moyen de gants et d'un voile, sans oublier l'enfumoir, ustensile indispensable en apiculture. Il est vrai que, néanmoins, vous recevrez par-ci par-là des piqûres inattendues, en flânant aux abords de vos ruches ; mais vous vous en consolerez vite, pour peu que vous ayez le feu sacré, et, philosophiquement, vous vous direz qu'après tout il y a des sujets grincheux chez les abeilles comme chez nous ; c'est d'ailleurs leur unique trait de ressemblance avec les hommes. Faites donc fi de la crainte des piqûres, et entrons dans le vif de notre sujet.

Pour devenir un éleveur sérieux, il ne suffit pas de loger des abeilles dans une ruche quelconque. Il faut commencer par le commencement, c'est-à-dire apprendre, dans un bon livre d'apiculture, de quels insectes se compose une colonie ; ce que c'est que la reine ou pondeuse, les mâles ou faux-bourdons, les ouvrières ; quelles sont les lois qui président à leur reproduction ; quel est le rôle qui leur est assigné dans l'existence de la colonie; comment les ouvrières bâtissent ; ce qu'elles butinent ; comment, sans jeter le trouble dans une ruchée, on doit la conduire selon les circonstances, en un mot, il est indispensable de posséder des notions théoriques suffisantes pour faire de l'élevage raisonné, fructueux.

Ce premier pas fait, et il est très important, vous pourrez entreprendre l'installation de votre rucher. Je vous engage d'ailleurs à débuter avec peu de ruches, jusqu'à ce que vous soyez familiarisés avec les abeilles et que vous vous soyez bien rendu compte de ce que vous voulez faire. Tout dépendra de votre situation, de vos aptitudes, de vos vues. Mais, quelles que soient vos intentions, croyez-moi, ne vous lancez pas dans des bibelots inutilement compliqués et coûteux, et habituez-vous à fabriquer vous-mêmes sinon tout, au moins la plus grande partie de votre matériel.

Un autre point que vous ne devrez trancher qu'à bon escient est celui-ci : quel genre de ruche adopterez-vous ?... Au début de cette causerie, je vous ai parlé d'apiculture mobiliste ; cela signifie, vous l'aurez compris, apiculture au moyen de ruches à rayons mobiles; ce sont les principes de l'école moderne, dite américaine. Dans les ruches vulgaires, c'est l'inverse, les rayons sont fixes. Les deux écoles ont chacune des partisans fanatiques et des adversaires non moins ardents, et, naturellement, tous veulent avoir raison. Encore dois-je vous faire connaître mon sentiment personnel, et avant de vous dire : prenez mon ours, vous montrer ma bête de prédilection.

J'ai eu l'honneur, au mois de février, de donner à Nancy une conférence purement théorique, d'un caractère tout particulier. Elle m'avait été demandée par le bureau de la Société apicole de la région de l'Est, qui compte parmi ses membres des spécialistes hors de pair. Les considérations que j'ai exposées, relativement à la question que j'agite, rendent bien ma manière de voir, et je ne puis que les reproduire ici.

Plus on approfondit ce beau sujet de l'élevage des abeilles, plus le cercle d'étude s'étend — et avec lui, pensez-vous peut-être, le cercle des controverses, des petites et grosses querelles entre confrères. — Mais, ne fussions-nous pas toujours d'accord, il est un point sur lequel la désunion nous est interdite. Tous, nous devons nous coaliser, pour proscrire des méthodes surannées qui, si elles ne devaient pas bientôt disparaître absolument, seraient la honte apicole de notre époque. Au rancart, ces ruches exiguës, d'une seule pièce, avec lesquelles on ne peut aboutir qu'à ce triple résultat désastreux : essaimage excessif, production de miel insignifiante, qualité de miel détestable! Arrière, ces gâcheurs, qui ne connaissent que le meurtre de leurs insectes, pour se procurer quelques kilos de mauvais miel! Les étouffeurs, quelle engeance! Faisons-leur une guerre implacable et flétrissons-les énergiquement, car ils pullulent encore un peu partout.

Voici, étouffeurs, comment vous opérez votre récolte : à l'automne, vous soupesez vos ruches, et marquez de la fatale croix rouge celles dont vous allez vous approprier le contenu; puis, vous creusez en terre un trou, dans lequel vous jetez une mèche soufrée après y avoir mis le feu; vous placez chaque ruche sur ce foyer d'air irrespirable, et bientôt les chères bestioles ont vécu; alors, vous démolissez les rayons et faites couler votre miel. Mais vous ne prenez pas garde qu'à ce nectar qui s'échappe des alvéoles, se mêlent des œufs, des débris de larves et d'insectes, du pollen, et autres matières fermentescibles: de sorte que vous n'obtenez qu'une affreuse soupe, qui ne mérite pas plus d'être appelée miel que vous ne méritez d'être appelés apiculteurs..... En toute sincérité, ces méthodes ne sont-elles pas abominables? Faisons donc appel, en nous adressant à de tels inconscients, à ces sentiments de générosité native, qui s'opposent à ce qu'un homme civilisé fasse sciemment du mal à un être utile; et si, contrairement à notre attente, nous ne parvenons pas à les émouvoir, à les faire rougir, nous invoquerons un autre mobile, celui de leur intérêt personnel, et nous leur crierons : mais à quoi pensez-vous?... vous détruisez sottement le plus clair de votre capital, et vous avez même le talent de choisir les ruches qui ont essaimé, c'est-à-dire celles renfermant les jeunes reines, l'avenir de votre rucher ; détail important que vous ne devriez pas ignorer, si vous vous étiez donné la peine d'ouvrir un livre d'apiculture.

Il y a, je le sais, des praticiens, assez nombreux même dans certaines régions, qui ont rompu avec ces coutumes barbares et idiotes. C'est déjà un progrès. Plus apiphiles encore qu'apiculteurs, ils se garderaient bien de détruire un seul de leurs insectes. Pour eux, la demeure de la colonie est sacrée ; ils se contentent de prélever, quand la miellée est favorable, quelques rayons de miel dans des calottes ou capots. Quel jugement devons-nous porter sur ces éleveurs à la bonne franquette, qui se contentent de si peu? Allons-nous les frapper d'ostracisme, les exclure de notre confrérie? Non. En somme, ils ne font aucun mal à leurs mouches ; tendons-leur donc la main, et évitons ces querelles stériles qui, chroniquement, se ravivent d'une manière si fâcheuse entre fixistes et mobilistes. Voici, à ce propos, en substance du moins, ce que j'écrivais naguère pour notre principale feuille apicole française, l'*Apiculteur* : Vous êtes fixistes, mes amis ; çà, c'est votre affaire ; mais il y a fagot et fagot. Etes-vous fixistes-étouffeurs? Alors, vous êtes des bandits, et je vous envoie à tous les diables. Etes-vous fixistes à la façon des Collin, des Boissy, des Vignole, des Boyer, etc.? Si oui, à votre aise. Je vous salue fraternellement; mais, soyez sincères, et accordez-moi deux concessions : la première, c'est qu'avec vos instruments fixes, quelque bien conditionnés soient-ils, jamais vous n'obtiendrez, *à beaucoup près*, les résultats que nous obtenons avec des ruches à cadres mobiles bien combinées et bien conduites; — la seconde, c'est que ces mêmes instruments fixes présenteront toujours un inconvénient très grave, irrémédiable : difficulté, pour ne pas dire impossibilité, de surveiller et diriger les colonies en toute certitude.... A mon tour, fixistes de cette école, je vous fais la concession suivante : je conçois l'emploi des ruches vulgaires dans les pays peu riches en miel et dans certaines contrées, telles que la Beauce, où existent des pratiques en définitive acceptables, puisqu'on ne tue pas les abeilles; j'admets également cet emploi par les *producteurs d'abeilles*, tels que MM. Guilloton, de la Vendée; Bellot, de l'Aube; Droux, du Jura, etc.; ils poursuivent un objectif à part, et leur méthode d'exception, rationnelle, confirme la nôtre, rationnelle aussi, quoique diamétralement opposée.

Voilà, dans toute sa netteté, ma profession de foi; je suis, en résumé, un mobiliste militant, et je le proclame bien haut. Je ne vais donc vous entretenir que des ruches à cadres mobiles, et je commence par vous poser, pour la seconde fois, cette question capitale : quel type de ruche choisirez-vous?... car les modèles sont nombreux, — je dirai même beaucoup trop nombreux, et l'on en crée de nouveaux tous les jours; je n'en veux pour preuve que les conceptions variées dont vous trouverez des spécimens sur le champ du Concours.

Les ruches à cadres se divisent en deux catégories distinctes : les unes sont horizontales, et tous les cadres sont logés dans une caisse longue unique; les autres sont verticales, et la récolte, la part de l'apiculteur, est emmagasinée dans un chapiteau que l'on place sur le corps de ruche aux approches de la miellée. Les modèles les plus réputés et les plus répandus dans nos régions, sont la ruche horizontale de Layens et la ruche verticale Dadant. J'englobe, du reste, dans ces désignations, des types qui, baptisés d'un autre nom et modifiés sous certains points de vue, se rapprochent assez de ceux-là pour être confondus avec eux. Je citerai, entr'autres, la ruche-album, inventée par M. Derosne, le sympathique président de la Société comtoise d'apiculture ; c'est, en réalité, la Layens, vitrée et agencée d'une manière spéciale, pour permettre de la visiter sans l'ouvrir et par conséquent sans risque d'être piqué. J'ai vu cette ruche chez mon confrère ; elle est sans conteste fort ingénieuse.

Si je ne m'adressais qu'à des praticiens exercés, je leur dirais : ma foi, libre à vous de choisir tel modèle qui vous conviendra, pourvu qu'il soit rationnellement conçu mais ce sont des recrues que je cherche à former, et je m'efforce de les engager dans ce que je crois être la meilleure voie. Or, je l'ai déclaré déjà, je suis ennemi des bibelots coûteux et des complications inutiles; je fais surtout de la vulgarisation pour les humbles — les ruraux ! — et je renfermerais volontiers toute la science apicole dans cette double maxime : « Logez vos abeilles dans de spacieuses et solides maisons de paysans ; veillez à ce que chaque ruchée possède une vigoureuse matrone, la reine étant le pivot de la colonie. » Ne soyez donc pas étonnés que je préconise exclusivement la Layens, si bien combinée, malgré ses apparences de simplicité, de rusticité. Des faits concluants, au surplus, justifient ma préférence ; laissez-moi vous en citer quelques-uns. Dans le Tarn, où la rénovation apicole date d'hier, on a installé environ 1,200 Layens, rien que dans le rayon d'Albi; en Espagne, où l'on a expérimenté comparativement les ruches à chapiteau et les ruches horizontales, on ne veut plus que la Layens ; dans la Suisse romande et dans notre région de Savoie, elle est très appréciée ; on l'a admise dans les départements où l'évolution nouvelle commence à se faire sentir, notamment dans le Doubs, la Drôme, l'Ain, l'Isère, les Basses-Alpes, les Landes, les Hautes-Pyrénées, etc. : je l'ai fait accepter sans difficulté partout où j'ai donné des conférences, même en Lorraine, où j'avais à combattre des habitudes prises et l'emploi des ruches alsaciennes, qui me paraissent absolument trop petites et qui finiront, j'en réponds, par être abandonnées. Autre argument : j'ai formé, depuis cinq ou six ans, des centaines d'élèves ; vous m'accorderez que, parmi eux, il y a nombre d'hommes éclairés, observateurs ; eh bien ! journellement, ils reconnaissent que c'est la vraie ruche à recommander.

Quiconque sait manier quelque peu une scie et un rabot est à même de fabriquer cette ruche, à la condition qu'il suive un modèle irréprochable. Poussant plus loin que moi encore la simplification, M. de Layens a publié une brochure qui indique une manière très économique de procéder, en se servant de planches rainées, pour planchers, telles qu'on les trouve dans le commerce. J'ajoute que mon éminent confrère et ami, désireux d'encourager ma propagande, et qui déjà m'avait envoyé cette brochure pour tous nos instituteurs de la Haute-Savoie, m'en a expédié gracieusement une nouvelle provision de mille exemplaires. J'en ai distribué beaucoup dans ma tournée ; mais il m'en reste et j'en remettrai un avec plaisir à ceux d'entre vous qui désireront essayer ce mode de construction ; ils pourront me demander la notice, soit chez moi, soit par une lettre accompagnée d'un timbre-poste pour l'affranchissement du pli. Je me plais d'ailleurs à signaler qu'il y a sur le champ du concours une de ces ruches ; elle a été exécutée par les élèves de M. Rochet, instituteur d'Albens (Savoie), qui est un apiculteur sérieux ; vous estimerez certainement, avec moi, que maître et élèves méritent d'être félicités de cette initiative. Je tiens à dire, cependant, et je n'ai pas caché à M. de Layens mon sentiment, que cette ruche est peut-être par trop rustique ; mais il est facile, avec un léger surcroît de travail et de dépense, de la rapprocher du type, tout à fait confortable, que j'ai décrit en détail dans mon traité d'apiculture, auquel je vous prie de vous reporter.

A moins d'abuser de votre bienveillance, je suis obligé de vous renvoyer également à cet ouvrage de vulgarisation, pour tout ce qui a trait à la conduite des ruches à rayons mobiles. Je me bornerai à une indication rapide des principales règles à observer ; ce sont les suivantes : — faire usage des feuilles gaufrées, pour avoir des bâtisses régulières et restreindre considérablement les alvéoles de mâles ; — s'habituer à une surveillance attentive de ses ruches ; — réunir, avant la miellée, les colonies restées faibles ; — ajouter des rayons au fur et à mesure du développement des colonies, afin d'éviter l'essaimage ; — choisir, pour la récolte, une époque normale, qu'indique la flore de chaque région ; ne pas perdre de vue, en outre, que l'opération doit être menée avec prudence et célérité, et qu'il faut tarabuster le moins possible les abeilles ; — assurer à chaque ruchée des provisions suffisantes, une douzaine de kilos de miel ou de sirop très dense, afin qu'elle puisse amplement subsister pendant une longue période d'inaction qui, dans nos contrées, dure de la mi-octobre à la mi-avril ; — hiverner les abeilles en se rappelant qu'elles résistent aux plus grands froids, mais redoutent l'humidité, et qu'il leur faut un bon aérage et une parfaite tranquillité. — Les fixistes qui m'écoutent verront, par cette énumération sommaire, que l'élevage des abeilles par les méthodes modernes est loin, très loin, d'être aussi compliqué que nos adversaires se complaisent à le crier.

Mais il est deux points sur lesquels je vous demande la permission de m'arrêter quelques instants, la surveillance des colonies et la prévention de l'essaimage.

En vous engageant à suivre avec vigilance les faits et gestes de vos insectes, n'allez pas croire que je veuille vous soumettre à un assujétissement qui vous découragerait bientôt. Loin de là ; je déplore la manie de ces éleveurs à tous crins qui ont sans cesse le nez fourré dans leurs ruches ; pour moi, ce ne sont que des bourreaux d'abeilles. Semblables à la mouche du coche, ils font plus de bruit que de besogne ; à en juger par les résultats mirobolants et la science profonde dont ils font étalage, ces grotesques nous réservent à tout le moins une surprise, peut-être la découverte d'une abeille fin de siècle, sans aiguillon. Ce que je vous conseille n'est point compliqué : visitez souvent vos bestioles, les mains dans les poches ; si rien d'insolite ne vous apparaît dans leurs allées et venues, laissez-les tranquilles ; si, au contraire, ce je ne sais quoi qui trompe rarement l'apiculteur expérimenté vous fait supposer, au simple aspect de la planche de vol, qu'il y a quelque chose de détraqué dans une ruche, hâtez-vous de vous en assurer et de la remettre en état. Passons au second point.

Voulez-vous récolter beaucoup de miel?... ayez de grandes ruches et faites en sorte d'y loger de puissantes populations. Ce que je vous dis là est un véritable axiome apicole, et je puis vous convaincre de son exactitude autrement que par des considérations théoriques. Venez à mon rucher; je vous montrerai deux colonies, les numéros 17 et 18. Chacune d'elles possède une reine métisse ayant eu pour aïeule une pondeuse, d'origine italienne, remarquablement féconde ; des deux descendantes, l'une est la tante de l'autre (si je puis m'exprimer ainsi, pour me faire mieux comprendre) ; la tante, colonie 17, a conservé toute la valeur prolifique de sa grand'mère; la nièce, colonie 18, est une pauvre rachitique, née dans des conditions bizarres et que je conserve comme sujet d'étude, pour voir la fin qu'elle fera. Eh bien ! le n° 17, qui possède environ cent mille insectes, a ses vingt-un rayons bondés et j'ai dû lui donner une hausse qu'elle n'a pas tardé à remplir encore, de sorte que j'en tirerai au moins 70 kilos de miel, en lui laissant d'abondantes provisions; le n° 18 se développe avec lenteur sur neuf rayons seulement, et, malgré l'activité qui caractérise les abeilles de race italienne, j'enlèverai tout au plus à cette colonie une dizaine de kilos de miel. Voilà, ce me semble, prise sur le vif, une démonstration lumineuse.

Or, pour atteindre une production vraiment intensive, il ne suffit point d'avoir des reines de choix ; il faut encore empêcher les colonies d'essaimer. J'aborde, je ne vous le cache pas, une des questions qui divisent le plus en apiculture, et, n'en déplaise à mes contradicteurs, je reste un adversaire irréductible de l'essaimage. J'oppose à leurs théories celles de maîtres faisant autorité et en tête desquels je citerai Dadant, le vénérable Dadant, qui compte un demi-siècle de pratique et est le premier apiculteur du monde. Pourquoi les abeilles essaiment-elles ? Parce que le plus souvent l'homme, en les domestiquant, les loge non dans une demeure appropriée à leurs besoins, mais dans une prison. Est-ce qu'elles essaiment, dans l'arbre creux ou l'anfractuosité de rocher dont elles ont pris possession en pleine liberté ? Voici, au surplus, des faits concluants. En Lorraine, un éleveur d'élite, M. Voirnot, m'a montré une colonie laissée par lui à l'état de nature ; il l'a installée sous une planche d'un mètre carré, suspendue dans le vide à la charpente d'un grenier, et entourée de rideaux formant une espèce d'alcôve ; le trou de vol de cette ruche originale est la lucarne du grenier ; les abeilles ont bâti là-dedans des rayons immenses, et elles n'essaiment pas. A Montaure (Eure), deux colonies vivent, l'une dans les ruines d'un donjon où elle a trouvé une cavité dont la contenance est évaluée à 168 litres, l'autre entre deux poutrelles de plancher où elle a pu se développer à son aise ; ces colonies n'essaiment pas. En Franche-Comté, une colonie s'est logée sans plus de façon entre les vitres et les persiennes d'une fenêtre ; elle n'essaime pas. J'ai lu, enfin, qu'un bûcheron du Tessin trouva, en exploitant une forêt dans les environs de Bellinzona, une colonie qui habitait un arbre creux énorme; après avoir asphyxié les abeilles, — j'absous cet étouffeur, par exception ; il ne pouvait faire autrement — après les avoir asphyxiées, dis-je, il abattit et fendit l'arbre avec précaution et en tira une fabuleuse quantité de miel ; croyez-vous que cette colonie se livrait, comme elle l'eût fait dans une ruche exigüe, à une débauche d'essaimage ? assurément non.

Mais, m'objectera-t-on, si vous n'avez pas d'essaims, vos pondeuses, en vieillissant, perdront beaucoup de leur fécondité ?... Ne vous inquiétez pas de cela ; les abeilles, douées d'un admirable instinct, savent parfaitement remplacer une reine défectueuse, sans essaimer pour autant. A cet égard, j'en appelle aux possesseurs de grandes ruches ; maintes fois, comme moi, au moment de la récolte, ils ont constaté la présence d'alvéoles maternels sur des rayons récemment bâtis, preuve indéniable d'un changement de reine. Rien n'empêche l'éleveur, après tout, de faire chaque année quelques essaims artificiels pour l'entretien de son rucher. A moins qu'il ne préfère la méthode adoptée par une de mes élèves et qui consiste à garder, en dehors de son exploitation de mobiliste, trois ou quatre ruches vulgaires, uniquement pour avoir des essaims naturels ; elle a encore trouvé là, ce me semble, le plus sûr de tous les artifices.

Vous devez penser que je suis un intarissable bavard, et j'ai honte, moi-même, d'abuser à ce point de votre patience. Je vous prierai, cependant, de m'accorder encore quelques minutes, pour vous entretenir d'un point qui nous préoccupe tous, l'écoulement de nos miels. Nous ne saurions nous le dissimuler, cet écoulement n'est pas facile, et les droits protecteurs que nous a votés le Parlement n'ont pas beaucoup modifié la situation. Cet état de marasme provient surtout, à mon avis, des causes suivantes : en France, nous ne sommes pas mangeurs de miel, comme en Angleterre et en Suisse, par exemple ; nos médecins négligent de prescrire l'usage du miel dans une foule d'occasions, au lieu de nous envoyer à tout propos chez l'apothicaire ; la lutte que nous soutenons contre l'étranger est par trop inégale, car si nous livrons à la consommation des miels irréprochables, le marché est inondé de miels exotiques souvent douteux.

Que faire, dès lors ? Il faut nous ingénier à nous créer chacun notre clientèle, en ayant soin de ne livrer que des miels garantis. Quant à nos miels aqueux et à ceux de bonne qualité qui resteront invendus, je ne vois qu'un parti à en tirer, les convertir en vins et en eaux-de-vie... Les personnes qui s'intéressent aux choses apicoles connaissent la campagne active que je mène en faveur de cette question, appelée, je crois, à transformer la situation fâcheuse que j'ai dépeinte ; elles savent que, grâce au concours de M. Gastine, savant dont la modestie et le dévouement égalent la science, la fabrication des vins et eaux-de-vie de miel est devenue aujourd'hui de pratique courante, dans la France entière et même à l'étranger. Je ne m'appesantirai pas sur la méthode Gastine ; elle fait l'objet, dans mon traité d'apiculture, d'un chapitre considérable signé par l'inventeur — ce que j'ai obtenu de lui non sans difficulté ; et, pourtant, il n'était que juste qu'ayant été seul à la peine, il fût seul à l'honneur ; — mais je vous dirai que je me suis livré à de nombreuses expériences, et que vous pouvez vous engager sûrement dans la voie que j'indique. En 1890 et 1891, j'ai fabriqué une vingtaine d'hectolitres de liquides variés : vins de miel purs, secs et demi-secs ; vins mixtes, blancs et rouges ; eaux-de-vie. J'en fais déguster à tout venant, et je ne crains pas de vous garantir la méthode Gastine.

Je dois, toutefois, pour les eaux-de-vie, vous mettre en garde contre les prétentions de la Régie ; elle refuse de nous faire jouir de l'immunité des bouilleurs de cru, et voudrait nous assimiler aux distillateurs de profession. Mais, j'y compte bien, cette entrave ne sera que passagère ; j'ai présenté à la Chambre des députés et fait appuyer par le Congrès d'apiculture, une pétition qui est entre les mains de M. Méline, député des Vosges, président du groupe agricole à la Chambre. Il a bien voulu s'engager à en faire usage, quand viendra en discussion la nouvelle loi sur les boissons fermentées. J'aime à croire que, de leur côté, les représentants de la Haute-Savoie nous aideront ; je leur en fais la prière instante et j'ose m'adresser plus particulièrement au député d'Annecy, M. le docteur Thonion. Il est vrai que l'honorable praticien n'est pas précisément tendre pour les buveurs d'alcool ; mais il me permettra de lui faire remarquer, avec tout le respect dont je suis capable, c'est-à-dire avec une dose extraordinaire de respect, que du moment où il a troqué sa lancette contre un siège à la Chambre, — et ce n'est certes pas moi qui m'en plaindrai — le législateur, chez lui, a le devoir d'imposer silence au médecin. De plus, puisqu'il faut, hélas! faire la part de nos vices, de deux maux choisissons le moindre : nous ne nous abrutirons pas autant, avec nos liquides de provenance certaine, qu'avec les drogues dont nous gratifient les fabricants de fuschine, qu'avec ces mixtures vendues sous des noms baroques et dont le poison se cache sous de flamboyantes étiquettes.

Vous le voyez donc, nous pouvons produire du miel en abondance ; celui que nous ne consommerons ou ne vendrons pas sous sa forme naturelle, nous le boirons. Mais, comme je veux conserver les bonnes grâces de mon député, je vous recommande d'en boire avec modération.

Je vous remercie, Mesdames et Messieurs, de votre extrême bienveillance, et en avant pour l'apiculture!

LA GÉOLOGIE

DU DÉPARTEMENT DE LA HAUTE-SAVOIE

AU POINT DE VUE AGRICOLE

PAR

M. D. HOLLANDE

DOCTEUR ÈS-SCIENCES

L'expérience acquise dans les essais de cartes agronomiques a démontré, d'après M. de Lapparent, que le meilleur travail de ce genre était encore une carte géologique à grande échelle, tant la concordance est parfaite entre la nature du sous-sol et les divisions stratigraphiques qu'on peut y établir.

En effet, sous les influences alternatives du froid et de la chaleur, les roches qui sont à jour s'effritent, s'émiettent en petits fragments qui s'amassent le long des falaises ou restent à la surface des rochers, puis, sous l'action de l'acide carbonique, de l'eau, des sulfures, de l'oxygène, de l'air, des plantes, lentement ces fragments disparaissent en laissant un résidu composé d'argile, de sable et de calcaire, le tout disséminé dans du gravier; c'est le sol arable autochthone. Or, il arrive souvent, que ce sol, même considéré sur une grande étendue, provient du même niveau géologique. Il suffira donc, pour en faire le tracé sur une carte agronomique, de connaître le tracé du terrain géologique d'où il provient. Dès lors, pour connaître ce sol au point de vue agricole, on choisira un endroit où il est nettement représenté, on en prélèvera un échantillon à la surface, un autre dans le sous-sol et on en fera une analyse détaillée. Puis, il faudra recueillir sur ce sol les renseignements concernant son mode de culture, les engrais qui y sont en usage et les résultats obtenus. Ainsi renseignés, on pourra procéder à des essais méthodiques d'engrais et de culture, et sûrement l'on arrivera à des résultats qui permettront de donner aux cultivateurs pour l'ensemble de ce terrain cultivé, des conseils précis d'une grande importance.

Ajoutons que, guidés par les cartes géologiques, les cultivateurs peuvent connaître les méthodes d'exploitation qui réussissent le mieux dans les terres analogues aux leurs, soit dans leur pays, soit dans les pays voisins, et en faire aussitôt leur profit. Voilà sûrement un des côtés pratiques des plus importants des cartes géologiques, à lui seul, il justifie les crédits accordés pour leur confection, crédits qui seront du reste payés au centuple par les services qu'elles rendront à l'agriculture.

Les faits que je viens de rappeler sommairement expliquent, il me semble, le sujet que je vais avoir l'honneur de traiter devant vous, à savoir : *La géologie du département de la Haute-Savoie au point de vue agricole.*

Ce n'est pas une carte géologique du département que je vais vous présenter — elle n'est pas faite (1), nous y travaillons — mais bien un résumé aussi rapide que possible de la géologie de la Haute-Savoie, d'après les dernières recherches, en vous indiquant aussi l'origine des différents sols que l'on y cultive.

Le département de la Haute-Savoie peut, sous le rapport géologique, se diviser en quatre régions naturelles :

1° Le massif du Mont-Blanc ;

2° Les chaînes calcaires de la zone subalpine ;

3° Le quadrilatère du Chablais et du Faucigny ;

4° La vallée des Molasses, d'Annecy au Mont-Salève.

§ I

LE MASSIF DU MONT-BLANC

Le massif du Mont-Blanc a environ 63 kilomètres de longueur sur 14 kilomètres de profondeur. Je n'entreprendrai pas de décrire ici cet massif. Il y a dans la nature, comme dans les arts, des choses difficiles à comprendre, qu'on doit voir ou entendre

(1) Il y a bien la carte de A. Favre, mais elle a besoin d'être entièrement revue.

plusieurs fois pour en saisir la grandeur; il en est ainsi de la chaîne du Mont-Blanc. Ce n'est donc pas dans une conférence qui doit envisager l'ensemble géologique du département, qu'il faut chercher à donner une description détaillée du géant savoyard.

La vallée de Chamonix est le résultat d'un synclinal couché à l'ouest, se prolongeant par le mont Lachat et le Tricot jusque vers les Contamines. Le bord oriental de ce synclinal, allant du glacier du Miage à la Mer de glace, est formé, en partant des sommets, par de la protogine, de la granulite, des amphibolites, des micaschistes à mica blanc, des schistes micacés, des quartzites, des calcaires schisteux, du lias et des marno-calcaires du dogger situés au centre de ce pli couché.

Sur le bord occidental s'élèvent les massifs des Aiguilles rouges, de l'Aiguille pourrie, du Brévent et du Prarion, formés des mêmes roches mais relevées en anticlinal du Brévent aux Aiguilles rouges. Enfin, à l'ouest de l'Aiguille Pourrie et de la Pointe-Noire commencent, par les Fiz, les montagnes calcaires de la zone subalpine.

La protogine est un granite pegmatoïde franchement éruptif, froissé et rendu schisteux dans ses grandes masses par de puissantes compressions latérales, c'est le granite du Mont-Blanc. On y trouve un mica vert chloriteux, les feldspaths oligoclase et orthose et du quartz granulitique.

La granulite est une roche granitoïde, souvent plus claire que le granite; elle est caractérisée par du mica blanc potassique (muscovite) et est plus acide que le granite (72 0/0 de silice). Les minéraux accessoires y sont abondants. Ce sont la tourmaline (boro-silicate fluorifère d'alumine) ; l'émeraude (silicate d'alumine et de glucine) ; le zircon (silicate de zircone); l'apatite (chlorophosphate de chaux), etc.

La décomposition de la granulite et de la protogine forme des fragments de toutes sortes de grosseur ; on y trouve des grains de quartz et de feldspath, du sable fin, des paillettes de mica, de l'argile, le tout constituant une terre légère et sablonneuse appelée *arène* en certains pays. Mais cette terre arable, reposant sur des roches éruptives formant un sol imperméable, regorge d'eau dans les saisons pluvieuses. Elle est brûlante l'été, froide l'hiver.

Les micaschistes sont essentiellement formés de quartz et de mica disposés en zones alternantes. Le quartz y est fréquemment lenticulaire ; on y trouve 40 à 80 0/0 de silice. On y observe encore le feldspath, la tourmaline, l'amphibole, la staurotide, le disthène, l'épidote, la chlorite, le talc, l'oligiste, la magnétite et la pyrite.

Les micaschistes et les schistes micacés résistent longtemps aux influences atmosphériques, leur transformation en sol arable est très lente. Ils donnent un sol extrêmement pauvre en chaux, mais souvent riche en fer et en magnésie, ce qui est un de ses inconvénients. Il faut donc mêler à cette terre des amendements calcaires surtout si elle provient du mica. Quand le quartz domine, les micaschistes se décomposent très difficilement et ne fournissent qu'un sol très aride.

Dans la région du Mont-Blanc, les schistes houillers forment des ardoises, tandis que les grès houillers sont à l'état de grains de quartz ou de galets réunis par des silicates. Les roches du trias y sont surtout représentées par des quartzites et des cargneules, et les roches jurassiques par des marno-calcaires. Le sol arable provenant de ces dernières roches est bien différent de celui donné par les roches cristallines. Ces différences sont nettement accusées par les flores, si bien qu'à l'examen des plantes qu'il récolte, le botaniste reconnaît bien vite qu'il a quitté les terrains primitifs et se trouve sur les terrains secondaires. Cette influence réelle du sol sur les plantes mérite sûrement d'attirer l'attention des cultivateurs.

§ II

LES CHAINES CALCAIRES DE LA ZONE SUBALPINE

Les chaînes calcaires comprises entre Annecy et Ugines s'enfoncent au nord-est jusqu'à Cluses, où elles font un coude et pénètrent entre Sixt et Samoëns, pour former les Avoudruz et les Dents Blanches. C'est à cet ensemble que je donne le nom de zone subalpine.

Ces montagnes sont essentiellement calcaires et forment un horizon continu dû à des dépôts de même origine et de composition sensiblement identique.

Si la partie inférieure du trias donne quelquefois des roches recherchées par leur pureté, leur beauté et le poli qu'on peut leur procurer, comme par exemple le jaspe de Saint-Gervais, l'émiettement des roches triasiques ne donne jamais qu'un sol arable aride. Les cargneules, quoique plus favorables, ne fournissent encore qu'un sol médiocre, et l'anhydrite est presque dans le même cas. Il en résulte que le trias alpin est peu avantageux pour la production de bons sols arables ; il est vrai que les roches cristallines mélangées aux roches triasiques peuvent, dans bien des cas, amender considérablement le sol arable.

En Savoie, le lias se présente sous différents aspects, c'est-à-dire qu'il a plusieurs faciès.

Supposons que l'on observe un des cours d'eau qui se jettent dans le lac d'Annecy. Au moment des grosses pluies, il entraîne au lac une grande quantité de matériaux qui s'étalent sur chaque rive, disposant ainsi ces matériaux en forme de triangle ou de delta. Les gros cailloux sont vite arrêtés et forment un talus au-delà duquel se déposent du gravier, puis de la vase. En temps normal, le cours d'eau étant faible, ce gravier et cette vase se déposent au contraire à l'entrée du lac. sur le talus du delta, tandis que le premier gravier et le fin limon, qui avaient été entraînés au loin dans le lac, se tassent, se durcissent et se transforment en banc ou couche sur laquelle une autre crue amènera de nouveaux matériaux.

Ainsi se constituent les dépôts mécaniques, aussi bien dans les lacs que dans les mers. Ces dépôts sont bien contemporains, mais ils ont un aspect, un caractère, un faciès différent. L'un, celui formant le talus, sera dit faciès caillouteux ; l'autre, celui qui est perdu au loin dans le lac, sera dit faciès vaseux. Les mêmes faits ont donné des résultats semblables pendant les temps géologiques. Les dépôts formés sur les rivages sont toujours plus grossiers, plus caillouteux et renferment toujours des fossiles à test plus épais que les dépôts formés en pleine mer. Et voilà pourquoi l'on distingue dans les sédiments des faciès littoraux et des faciès de haute mer. Eh bien ! les dépôts du jurassique inférieur de la Savoie présentent, sous ce rapport, d'assez grandes différences, différences que l'on retrouve dans les sols arables qu'ils ont ensuite formés.

Si de la vallée du Graisivaudan, en Savoie, on se dirige au nord, par Albertville, le Mont-Joly, Sallanches et Servoz, au mont Buet, on constate que les calcaires à gryphées arquées du lias manquent et sont remplacés par des calcaires bien stratifiés, très peu fossilifères, à cassure perpendiculaire à la stratification. A la partie supérieure, ces calcaires du lias deviennent schisteux et l'on y trouve en abondance des posidonomyes. Ces dépôts liasiques appartiennent au faciès dauphinois de M. Haug, faciès que j'ai désigné depuis longtemps dans mes cours publics, à l'Ecole préparatoire, sous le nom de faciès du Graisivaudan ou faciès ouest des chaînes alpines de la Savoie

A l'est de ces dépôts liasiques, en Savoie, on trouve le faciès des Encombres. Il comprend, à la base, de gros bancs de calcaires avec *avicula contorta* et nombreux gastéropodes, lamellibranches et brachiopodes. Il est également envahi par des brèches et même, comme à Dorgentil, ainsi que l'a signalé M. Kilian, par un banc coralligène, à nombreux polypiers. Il faut également placer dans ce faciès, le calcaire saccharoïde de l'étroit de Ciez, près de Moûtiers, à fossiles à test épais, ainsi que les roches liasiques du col du Bonhomme.

A l'ouest du faciès liasique du Graisivaudan se développent les chaînes crétacées de la zone subalpine, au milieu desquelles on trouve, dans la Haute-Savoie, les montagnes liasiques de Sulens et des Almes. A la base de ce lias, on a aussi des calcaires en gros bancs avec *avicula contorta*, puis viennent des calcaires à rognons siliceux et *gryphæa arcuata*. Notons que ces calcaires à gryphées se voient aussi entre le lac de Morgins et les bains. On a donc de Sulens à Morgins un lias à faciès rhodanien.

De ces faits on peut conclure que le lias du Graisivaudan au mont Buet s'est déposé dans des conditions de grande tranquillité, loin des côtes, dans une mer profonde, limitée à l'est par les dépôts littoraux du lias des Encombres, et à l'ouest par les dépôts également littoraux de Sulens au lac de Morgins, reliés à ceux du Jura

Ces différents faciès du lias sont disposés suivant des lignes sensiblement parallèles et ayant pour direction la chaîne des Alpes. Ils me paraissent indiquer la présence d'un creux, à l'époque liasique, sur la première zone alpine de Lory ou zone du Mont-Blanc. Enfin, le faciès du lias de Sulens et des Almes étant bien différent de celui du lias de La Giettaz, du col de Cœur, du Mont-Joly, de Combloux, etc., l'opinion de Maillard, allant chercher la masse de ces montagnes au delà de la chaîne des Aravis, en la faisant chevaucher au-dessus de celle-ci, ne me paraît pas admissible.

Sulens est un pli synclinal sans doute de formation antérieure au sénonien.

La zone centrale du lias ou celle à faciès du Graisivaudan forme un sol arable généralement de bonne qualité Dans les parties basses il donne de bonnes terres de culture et aussi des terres à vigne ; plus haut, ce faciès donne toujours d'abondants pâturages, témoin ceux que l'on trouve depuis Hauteluce, en passant par Mégève et le col de Cœur, jusque vers Sallanches, tandis que les deux autres zones donnent plutôt des rochers, avec maquis et quelques prairies.

Le callovien, l'oxfordien et le rauracien sont généralement formés de marno-calcaires se délitant facilement et donnant finalement des sols assez argileux. Mélangés avec les roches cristallines transportées par les glaciers, ces terrains forment toujours des sols arables de bonne qualité.

Le séquanien est constitué par des bancs de calcaire alternant avec des marnes. La décomposition de ces dépôts donne un sol argilo-calcaire. Cet horizon peut être pris comme exemple de la constance d'un sol presque identique sur de vastes surfaces.

En effet, le séquanien forme la base des carrières de Talloires et se prolonge jusqu'au-delà de Marlens. Au sud d'Annecy, il plonge sous le massif des Bauges, c'est ainsi qu'on le trouve au bas du col de Tamié, d'où il s'étend jusqu'à Chambéry aux carrières de Lémenc. Il plonge également sous le massif de la Grande-Chartreuse, on le trouve, en effet, à Grenoble, à la porte de France; mais il va bien au-delà, à la montagne de Crussol et plus au sud encore. Il s'étend sous tout le Jura.

Au nord d'Annecy, on le voit aux Voirons, ainsi qu'au-dessus de la Cascade d'Arpenaz. On peut donc supposer qu'il plonge sous tous les dépôts de la zone subalpine, compris au nord d'Annecy. On le trouve en Suisse et bien au-delà. Partout, les caractères lithologiques, aussi bien que la faune de ces marno-calcaires restent les mêmes dans leur ensemble, de telle sorte que le sol arable qui en provient offre une composition assez constante.

Le kimméridgien et le portlandien sont formés par des calcaires sublithographiques, moins argileux que les précédents, tout craquelés à la surface et donnant un sol assez calcaire. Remarquons que ces deux niveaux suivent régulièrement, dans le département, l'horizon du séquanien.

Le purbeck à faciès alpin (comprenant la majeure partie du Berrias) est formé de marnes argileuses se délitant facilement et donnant un sol arable argileux.

En résumé, les dépôts du jurassique donnent, dans le département de la Haute-Savoie, deux niveaux marneux au sommet desquels on rencontre les principales sources de la région ; ces deux niveaux comprennent entre eux un niveau de calcaires en gros bancs faisant collecteurs. Ces différences lithologiques sont nettement marquées par les cultures ou les prairies que l'on trouve toujours sur les deux niveaux marneux ; les bois ou les maquis étant, au contraire, le partage des calcaires du kimméridgien et du portlandien.

Sur le bord occidental de la zone subalpine, le valanginien comprend, à la base, de gros bancs de calcaire donnant un sol caillouteux et calcaire ; mais en pénétrant à l'est, le valanginien devient marneux, pauvre en fossiles et se confond alors facilement avec l'hauterivien. Ces terrains, par leur décomposition, forment des sols argilo-calcaires ou même argileux. Ils se reconnaissent à l'abondance des prairies et des terres cultivées Ils forment aussi, sur de vastes étendues, un horizon constant dans sa nature lithologique.

L'urgonien qui les recouvre est essentiellement calcaire. C'est lui qui forme, dans la zone subalpine, la plupart des rochers donnant un sol arable, bon pour les arbres verts et les maquis. Ce sol est, en général, de faible épaisseur. Aussi faut-il bien se garder d'abattre totalement les arbres qui le recouvrent, afin d'éviter les ravinements et son enlèvement total.

Cet urgonien forme la plupart des plateaux et des sommets élevés des montagnes de la zone subalpine ; ce sont des *lapiaz*, comme par exemple celui du Parmelan. Quoique formé par un calcaire compact, l'urgonien constitue un sol géologique très perméable, par suite des nombreuses cassures, fentes ou crevasses que l'on y trouve. Or, il repose sur l'hauterivien qui est marneux : les eaux d'infiltration s'y arrêtent et s'y déversent sous forme de sources nombreuses bicarbonatées calciques.

Au-dessus de l'urgonien vient l'aptien qui est à peine représenté au nord de la zone subalpine, puis on a l'albien ou gault. A Leschaux, on le trouve à l'état de grès vert à rognons de phosphates de chaux peu développés. Il conserve ce faciès sur toute la bordure ouest du massif des Bauges. A l'est, au contraire, il devient noir, comme par exemple au col de la Truie, au pied du mont Charvin. Il a le même faciès à la montagne des Fiz.

Les gisements du ravin du Bronze, dits du Mont-Saxonnex et du Grand-Bornand' sont très fossilifères. Malheureusement, le gault se présente toujours sur de minces bandes constamment gazonnées, offrant à la base une roche noire, schisteuse, pauvre en fossiles, et, au sommet, un grès verdâtre, roux ou noir, en général assez fossilifère ; par leur décomposition, ces roches donnent toujours une bonne terre arable, riche en phosphates, de telle sorte que nous devons regretter son peu de développement.

Le sénonien, dans la zone subalpine, est représenté par un calcaire d'un gris bleuâtre, avec rognons de silex à la partie moyenne, comme à Sévrier, ou à la partie supérieure. Cette craie à *Belemnitella quadrata* est protégée par les couches de l'éocène, et quelquefois pincée en fond de bateau entre les couches de l'infra-crétacé. Elle se présente sur des épaisseurs très variables et joue un rôle secondaire dans la formation du sol arable, dans la zone subalpine.

L'éocène comprend, à la base, des conglomérats ou des calcaires à nombreuses nummulites, formant de longues lisières sous les couches schisteuses du flysch et se présentant plutôt à l'état de rochers que de sol arable, ou bien il forme de vastes plateaux rocailleux, comme par exemple celui du désert de Platé. A Entrevernes et à Pernant, on a autrefois exploité du charbon, dans des couches schisteuses appartenant à l'éocène.

Le flysch, qui vient au-dessus, existe en général dans tous les synclinaux, sous forme de schistes feuilletés bleu-gris, avec grès intercalés. Par leur décomposition, ces couches du flysch donnent un sol arable, humide et assez favorable au développement des prairies. Sur le flysch sont les grès, dits de Taveyannaz. On les voit dans l'alignement de la grande vallée de Serraval au Reposoir ; c'est ainsi qu'ils sont bien développés à Manigod et au Mont-Fleury. Ils forment des dépôts importants sur le plateau d'Arâches, des Grands-Vents, de Praz de Saix, où ils offrent tous les caractères d'une roche volcanique. Par leur décomposition, ces grès donnent un sol arable, très favorable à la culture.

Il résulte de cet examen sommaire des roches de la zone subalpine, qu'elles forment dans la Haute-Savoie une zone coupant en écharpe tout le département ; la constance dans leur composition permet de se rendre rapidement compte de l'ensemble des sols arables qu'elles donnent par leur décomposition. C'est ainsi que, en résumé, les sols provenant du trias alpin sont généralement médiocres ; que sur le bord est de cette zone, le lias, le dogger jusqu'au rauracien forment un sol généralement de bonne qualité ; que les calcaires du kimméridgien et du portlandien ne donnent que des produits rocailleux ; que les couches du purbeck alpin forment un sol avantageux. Il en est de même des couches du néocomien ; l'urgonien est le plus souvent rocailleux ; l'aptien, mais surtout l'albien donnent un sol arable excellent ; le sénonien et le calcaire nummulitique procurent un sol arable rocailleux ; enfin, le flysch et les grès de Taveyannaz forment un sol généralement favorable. Cette alternance de sols arables de bonne et de mauvaise qualité est réellement frappante, et leur distribution en zones parallèles à la direction des chaînes est également un autre fait digne de remarque.

§ III

LE QUADRILATÈRE DU CHABLAIS ET DU FAUCIGNY

Le Chablais et le Faucigny forment un vaste quadrilatère, limité au Nord par le Rhône, au Sud par l'Arve, à l'Ouest par le Léman et à l'Est par les chaînes calcaires de la zone subalpine. Les terrains de cette région sont peu fossilifères, et se présentent dans des conditions stratigraphiques très compliquées ; l'étude en est fort difficile, si bien que l'on commence seulement à pouvoir s'y orienter, malgré les nombreuses recherches dont ils ont été l'objet.

Dans les montagnes situées entre le Rhône et la Dranse, on trouve : le trias, le jurassique, quelques lambeaux d'infra-crétacé, enfin, le sénonien et l'éocène.

Dans cette partie du Chablais, le trias se présente sous forme de gypse, de calcaires et marnes dolomitiques, accompagnés de cargneules et de marnes rouges à la partie supérieure. On le trouve à Meillerie, puis dans le massif du Grammont, à la montée du col de Darbon, dans le vallon d'Oche, au col de la Vernaz, au col de Bise et au mont Chauffé.

Le rhétien est bien développé aux environs de Meillerie, aux carrières de Mappas, dans le massif du Grammont, aux chalets d'Antan, dans la chaîne des Cornettes, au col de la Vernaz et à l'arête de Linleux en dessous des villages de Torgon et de Reverculaz.

Sur le rhétien, on trouve de l'hettangien à *Pecten valoniensis*, dans les carrières de Locon et de Meillerie et au col de la Vernaz.

Dans les carrières de Locon et de Meillerie on a aussi le lias inférieur et moyen. Les pierres qu'on y exploite proviennent surtout du lias inférieur. On rencontre les mêmes niveaux, du Grammont à la dent d'Oche dans des plis rompus et érodés. Au col de Morgins, les couches du lias sont à l'état de klippes, avec cargneule répandue dans le voisinage. Entre le lac de Morgins et les bains, on voit un petit affleurement de calcaire disposé en couches verticales pétries de *gryphœa arcuata* du sinémurien.

Le lias supérieur du Chablais est formé de petits bancs de calcaires qui deviennent marneux à la partie supérieure et se confondent ainsi avec le dogger, par exemple dans le Grammont Mais, vers la chaîne des Cornettes, le dogger se distingue du lias par l'apparition d'un nouveau faciès, celui des couches à mytilus. Les fossiles y sont abondants et l'on y trouve des feuillets de charbon. On rencontre ce niveau au mont Chauffé, à la frête de la Callaz et à la frête de Combre, dans la chaîne des Cornettes de Bise, au mont Chenaux et surtout à Darbon, où l'on trouve une couche de charbon, vraie houille, de 20 centimètres d'épaisseur.

Le malm du Chablais comprend, à sa base, un calcaire noduleux, rouge ou gris et pauvre en fossiles; puis viennent des calcaires gris-clair, à rognons de silex avec quelques ammonites et représentant le séquanien, le kimméridgien et le portlandien. Nous y reviendrons dans un instant.

Entre Saint-Cergues et Bonnes se trouvent les Voirons. C'est une arête jurassique flanquée de quelques lambeaux de néocomien. Cet ensemble occupe une surface très restreinte et n'offre que peu d'intérêt au point de vue agricole ; mais les calcaires jurassiques, au point de vue géologique, sont très intéressants à étudier. Ils se relient à ceux du Château du Faucigny qui se relient à leur tour à ceux du Petit-Bornand, et plus au Sud, à ceux de Lémenc, aux environs de Chambéry.

Le Môle est limité au Sud par la faille de l'Arve, au Nord, par la route de Ville à Saint-Jeoire, à l'Ouest, par les alluvions de Saint-Jean-de-Tholome, enfin, à l'Est, par la route de Marignier à Saint-Jeoire

Les ruines du Château de Faucigny sont sur des calcaires blancs lithographiques, à rognons siliceux, appartenant au tithonique supérieur. Ils forment voûte. Mais l'ensemble des couches se relève bientôt à l'Est ; puis, au col d'Orgevaz est un autre synclinal et de nouveau les couches se relèvent, reviennent même sur l'horizontale pour former l'arête de Penouclaire. Au col Réret existe un double pli englobant un lambeau de néocomien. Enfin, de Réret à Bogève, on a de nouveau le malm ; puis, on rencontre des cargneules recouvertes par des calcaires à silex du dogger : d'après

M. Jaccard, ces cargneules appartiennent au dogger et non au trias Les couches du dogger vont jusqu'au sommet du Môle. Il en résulte que la masse principale de cette montagne est formée par le jurassique moyen. Enfin, de chaque côté de la pointe du Môle existent deux pincements de la roche rouge du Chablais appartenant au sénonien.

Comme le Môle, la pointe d'Orchex est formée presque en totalité par le dogger. C'est une klippe entourée à l'ouest et à l'est par le flysch et terminée au nord par une faille. Le dogger de cette pointe est formé de schistes et de calcaires à rognons siliceux, disposés en voûte, au centre de laquelle on trouve le lias.

Le plateau de Pradely, qui appartient au jurassique, est couronné par une série de points élevés, tels que : la pointe de Marcelly, la pointe du Haut-Fleuri, le Crêt Roti, la Haute-Pointe, le Roc d'Enfer et la pointe d'Uble. A l'ouest et au nord-ouest ce plateau est entouré par le flysch. C'est un véritable massif surélevé ou *horst*, limité par une série de plis failles.

La pointe de Marcelly est formée, au sommet, par un puissant amas de brèche, résultant d'une agglomération de cailloux, de schistes feuilletés du terrain houiller, de calcaires noirs du lias, de quartzite, de schistes verts, etc., cailloux variant de la grosseur d'une noix à celle d'un mètre cube. Au-dessous, on a les couches du dogger reposant elles-mêmes sur le lias. Cependant, à la base de la pointe de Marcelly, au lieu de trouver partout le lias et le dogger, on rencontre un amas considérable de brèche sans aucun indice d'éboulement. M. Jaccard ne peut s'expliquer ce fait qu'en admettant une cassure locale, ayant provoqué un énorme décrochement. A la pointe du Haut-Fleuri, « on trouve la superposition régulière et bien accusée de la brèche à gros élément formant les sommités, de dogger-calcaréoschisteux sur les pentes et enfin le lias supérieur au fond des dépressions » (1).

Le Crêt-Rôti et la Haute-Pointe sont formés de calcaire massif sans qu'il soit possible d'y reconnaître une stratification quelconque. Il en est de même à la montagne de Chalune. Cet ensemble, découpé en *karenfelder*, appartient au malm On a la même disposition au Roc d'Enfer et à la Pointe d'Uble ; partout, au-dessous de ces amas de calcaire massif ou de brèche, on a des couches que l'on peut rapporter au dogger ou au lias.

Les Pointes d'Angolon, de la Goléze, des Nions et des Hautforts, sont aussi formées par les étages du trias, du lias, du dogger et de la brèche, mais en couches inclinées, en général, a l'ouest. Puis, dans le synclinal, limité à l'ouest par le plateau de Pradely et à l'est par ces pointes, on trouve des klippes de roches éruptives, comme à la Rosière, à Mouille-Ronde et aux Atraix,

---

(1.) M. A. Jaccard. Etude sur les massifs du Chablais. Bull. des Services de la carte géologique de France.

sur Morzine, enveloppées par les assises du flysch.

Dans les montagnes du Chablais et du Faucigny, le néocomien nettement reconnu est très peu développé. On le trouve entre les chaînes du Grammont, de la Dent d'Oche et le lac Léman, où il repose sur le malm. Il existe aux Voirons et au pied du Môle. Il est formé par des calcaires en couches minces avec quelques intercalations marneuses. Les fossiles y sont rares. Dans les chaines plus intérieures, le néocomien manque ou bien il se confond avec le malm. Ce fait différencie considérablement les montagnes du Chablais et du Faucigny, de celles de la zone subalpine.

Reposant sur les différents étages du jurassique, on trouve une roche rouge ou d'un gris verdâtre, le tout s'enchevêtrant quelquefois. Cette roche forme des bancs marno-calcaires, schisteux, riches en fer et manganèse, provenant sans doute de sources contemporaines de ces dépôts. Un des caractères constant de cette roche est la présence d'une multitude de foraminifères microscopiques semblables à ceux du calcaire de seewen (sénonien) et du gault. Ces dépôts peuvent donc représenter tout le crétacé supérieur et même l'ensemble du crétacé. Évidemment, le faciès de cette roche rappelle la vase à foraminifères qui se dépose dans les mers actuelles, entre 1,000 et 3,000 mètres de profondeur

Dans le Faucigny et le Chablais, le flysch est à l'état de schistes, de marnes feuilletées et sableuses, de grès micacés, de marnes dures, homogènes et fendillées en morceaux polyédriques.

Ce sont des roches arénacées, schisteuses et marneuses, de couleur grise, rarement rouge et donnant un sol arable d'assez bonne qualité.

Au sujet de la pointe d'Orchex, du plateau de Pradely ou de l'ensemble des pointes d'Augolon aux Hautforts, j'ai cité souvent une brèche se présentant sur ces sommets en masse considérable. Pour M. Jaccard (1) cette brèche, dite du Chablais, représente le malm. « C'est au milieu même, dit-il, du groupe des chalets de Roche-Palud, que l'on observe le passage et l'alternance des bancs de calcaire de malm aux bancs de brèche du même terrain, qui, sur certains points, prédominent exclusivement. » Et pour lui, il n'y a aucun rapport entre le conglomérat éocène du Mont-Vouant et la véritable brèche du Chablais. Au contraire, pour MM. H. Schardt et E. Favre, au Mont-Vouant, on a un type de cette brèche. Enfin, d'après ces auteurs : « Comme la brèche de la Hornfluh et le flysch de Niésen, la brèche du Chablais a dû se former aux dépens des montagnes déjà existantes, soit dans son milieu sous forme d'îles, soit sur son bord sous forme de falaises. Beaucoup d'entre elles ont été entièrement nivelées et ne restent que sous forme de klippes presque sans relief, d'au-

(1) M. Aug. Jaccard. Etude sur les massifs du Chablais. Bull. des Services de la carte géologique de la France et des topographies souterraines.

tres, enfin, ont été ménagées, ce sont les klippes crétacees ; elles démontrent avec évidence que la *brèche du Chablais est de formation post-crétacée* » (1).

Ainsi, pour M. Jaccard, la brèche du Chablais représente le jurassique supérieur et pour MM. H. Schardt et E. Favre, elle appartient à l'éocène. Une telle contradiction entre des géologues également compétents demande de nouvelles recherches.

La brèche du Chablais me paraît être dans un synclinal pour ce qui concerne les environs des Gets. En effet, à l'ouest, on a une série de pics, dont les escarpements sont tournés du côté du lac Léman et dont les couches plongent en sens inverse. A l'est existe une chaîne de pics, dont les escarpements sont tournés du côté des Alpes et dont les couches plongent du côté du lac. Or, cette disposition en synclinal est sur le prolongement nord du synclinal de Serraval au Reposoir, comprenant les klippes de Sulens et des Almes. Ainsi, dans le synclinal des Gets, on a un beau développement de flysch enveloppant des klippes de roches cristallines ; dans le synclinal de Serraval au Reposoir, le flysch est aussi très développé, mais autour de klippes jurassiques. De ce côté, l'éocène commence par une brèche formée de calcaires noirs, de quartzite, de protogine, de schistes cristallins, etc., alternant à la colline du

---

(1) Matériaux pour la carte géologique de la Suisse XXIIe livraison. H. Schardt et E. Favre, page 496.

Bouchet, avec des bancs de calcaires à nummulites, bancs que l'on trouve aussi au nord de Sulens et du plan du Tour; tandis qu'au sud, sur le rocher de Cuchet (1), le flysch alterne avec des bancs de calcaires renfermant également des nummulites. Ici, la brèche est bien éocène; en est-il de même dans le Chablais?

En résumé, en laissant de côté les accidents secondaires des montagnes de la Haute-Savoie, nous voyons que les grands accidents primordiaux qui les ont affectées, comprennent :

1° Le synclinal de Chamonix se prolongeant au sud par le col de Voza et le Tricot, vers les Contamines;

2° L'anticlinal des Aiguilles Rouges à la faille du Prarion, se prolongeant au-delà de la Cascade d'Arpenaz, dont le pli en S est une des conséquences;

3° Le synclinal de Serraval au Reposoir, se prolongeant au nord par celui du plateau des Gets;

4° Enfin, l'anticlinal plissé par de nombreux accidents secondaires des montagnes occidentales de la zone subalpine, se réunissant par un synclinal molassique à l'anticlinal des montagnes du Jura.

(1) D. Hollande. *Etude sur les dislocations des montagnes calcaires de la Savoie.* — Imprimerie Nouvelle, Chambéry.

§ IV

C'est, en effet, dans le synclinal séparant la zone subalpine du Jura, qu'apparaissent les molasses d'eau douce et marine.

Après la formation de la molasse marine, la mer a quitté définitivement notre région. Alors a commencé la destruction des roches de nos montagnes et aussi la formation des sols arables.

Il résulte de ce qui précède que la variété des roches formant les montagnes de la Haute-Savoie est grande. La protogine y forme des amas considérables; la granulite, les porphyrites, les amphibolites, la serpentine, le gabbro, y sont plus disséminés; les micachistes à mica blanc, les schistes micacés, les schistes chloriteux y forment des montagnes entières, tels que le versant occidental de la chaîne du Mont-Blanc et le massif des Aiguilles-Rouges. Les schistes ardoisiers du terrain houiller forment les deux rives de l'Arve, de Servoz aux Houches. Les quartzites, les cargneules et les gypses s'y présentent en de nombreux petits lambeaux.

Le gypse est une roche importante et qui mérite, sous bien des rapports, d'appeler notre attention, surtout s'il est vrai que son action soit aussi efficace sur la vigne en terrain bien fumé (1). Le gypse des montagnes de la Haute-Savoie appartient à des

(1) L. Grandeau. Feuilleton du *Temps*, du 8 mars 1892.

niveaux assez différents. On le trouve surtout dans le trias, par exemple aux environs de Taninges ; il est dans le dogger, d'après M. Jaccard, à Soman ; et le gisement du Bouchet est considéré comme éocène.

Dans le Faucigny et le Chablais, les calcaires et les marnes schisteuses du lias inférieur et moyen forment de grandes masses. Les calcaires roux, grossiers, en dalles peu épaisses, à cassure spathique avec débris de crinoïdes (pentacrinus) représentent la masse la plus importante du dogger et peut-être le bathonien, tandis que le bajocien y serait représenté par des cargneules, du gypse et même une brèche polygénique rappelant beaucoup la brèche dite du Chablais, mais qu'il faut en distinguer parce qu'elle est bien certainement inférieure au jurassique supérieur, d'après M. Jaccard. Il faut également en distinguer la brèche des carrières de la Vernaz, appelée marbre-brèche par les industriels, qui est une brèche de friction avec pénétration de substances minérales et fragments de roches absolument semblables les uns aux autres

A la boutonnière de Mégève, et, à l'est, vers le Mont-Joly ; puis à l'ouest, vers le col de Cœur, les couches schisteuses du lias et du dogger supportent d'immenses pâturages, tandis que le malm forme la base des rochers de la chaîne des Aravis, des Aiguilles de Varens et des Fiz

Le néocomien, dans la zone subalpine, formé de marno-calcaires, comprend également de nombreuses prairies, mais l'urgonien est à l'état de rochers.

Le gault est malheureusement peu développé et, en général, assez pauvre en phosphates.

Le sénonien de la zone subalpine est formé de calcaires gris, en feuillets, avec silex à la partie moyenne, comme à Sévrier, mais le plus souvent on les trouve à la partie supérieure. Cet ensemble donnant un sol rocailleux, est rarement bien gazonné.

Dans le Faucigny et le Chablais, les couches rouges du sénonien qui reposent indifféremment sur le néocomien, le malm ou le dogger, se présentent en masse assez considérable entre la vallée de Mégevette et celle de Bellevaux.

Les couches schisteuses du flysch forment, sur tous les terrains, des placages importants, surtout dans la région est. Enfin, aux Voirons, on a des grès nummulitiques, tandis que les grès de la base du Môle, de Bonneville à Marignier, appartiennent au miocène.

Tel est l'ensemble des roches qui, dans la Haute-Savoie, sous l'action des glaciers et des cours d'eau dus à leur fusion, ont formé la majeure partie du sol arable des plaines.

§ V

L'époque glaciaire ayant joué un rôle considérable dans la formation de nos sols arables, je ne puis me dispenser de vous exposer rapidement les principaux faits de cette phase importante de l'histoire géologique de notre globe.

La saturation de l'atmosphère, à la fin du tertiaire, la grande production de vapeur d'eau par suite d'une active évaporation des lacs et des mers, et, la grande élévation des chaînes de montagnes, ont eu pour résultat de donner d'abondantes pluies et de former des cours d'eau d'une largeur et d'une profondeur considérables, si nous les comparons à ceux de nos jours.

C'est alors aussi que nos montagnes se sont couvertes de neige et que les glaciers ont commencé leur développement. En effet, l'expérience et l'observation ont démontré que, lorsque un courant d'air est obligé de franchir un endroit élevé, la température s'abaisse, et cela, d'environ un degré centigrade par cent mètres d'élévation. Dès lors, la vapeur d'eau entraînée par les vents de la plaine, en s'élevant avec l'air le long des flancs des montagnes, s'y condense d'abord sous forme de pluie, et plus haut, sous forme de neige. Ainsi, même à l'époque pliocène, les grandes Alpes ont dû se couvrir de neige. De telle sorte que, peu à peu la température des condenseurs a dû s'abaisser et provoquer une formation de neige de plus en plus grande. Puis la surface réfrigérante allant en augmentant, la neige a pu séjourner sur les montagnes et se transformer lentement en glace. Ainsi ont dû se former les premiers glaciers de nos montagnes.

Les cours d'eau du pliocène et du commencement du quaternaire ont donc considérablement raviné nos montagnes et entraîné des masses énormes d'alluvions dans les plaines et sur les petits monticules. Ce sont ces alluvions que nous désignerons sous le nom d'alluvions anciennes. Comme elles proviennent du mélange des roches cristallines avec des roches calcaires, elles forment généralement un sol arable de bonne qualité. Nos vallées avaient donc été déjà profondément ravinées lorsque sont arrivés les glaciers.

On croit généralement que l'extension de ces derniers a été produite par un abaissement considérable de la température. Je pense plutôt que la cause de cette aggravation, dans le développement des glaciers, provient de l'abondance des précipitations atmosphériques. En effet, de même que plusieurs rivières, en se réunissant, forment un cours d'eau dont la largeur est moindre que la somme des largeurs des affluents, de même la réunion de plusieurs glaciers donne une masse totale dont la dimension transversale est sensiblement inférieure à la somme des dimensions de chacun. Cette réduction a pour conséquence une augmentation correspondante de la vitesse et de la profondeur du courant de glace. En même temps, la masse totale devenue plus épaisse est mieux protégée contre l'ablation qui ne s'exerce que par la surface libre. De là résulte ce fait très intéressant, que la réunion de plusieurs glaciers, originairement indépendants, doit suffire à elle seule pour faire progresser notablement leur extrémité commune.

Mais ce n'est pas tout : une épaisse masse de glace ne remplit pas une vallée sans exercer une action réfrigérante sur les ravins secondaires qui viennent y aboutir. Dès que plusieurs glaciers se seront réunis en un seul, les neiges s'accumuleront dans les ravins latéraux ; des glaciers y prendront naissance, qui s'ajouteront au courant principal et ainsi la convergence des vallées pourra multiplier dans une très large mesure l'influence d'une aggravation dans la chute des neiges.

Ces considérations peuvent faire comprendre comment, à l'époque dite glaciaire, le grand courant de glace de la vallée du Rhône pouvait, sans difficulté, pousser ses moraines jusqu'à Lyon. En effet, à cette époque, tous les champs de névé de la Suisse et de la Savoie étaient devenus solidaires, et non seulement les divers glaciers, aujourd'hui séparés, du versant français du Mont-Blanc, envoyaient leur tribut vers Genève ; mais, soit par la vallée de l'Arve, soit par celle du Trient, les glaces du Mont-Blanc venaient se joindre à celles du Rhône, démesurément agrandies par l'adjonction d'une foule d'affluents. Un tel effet n'exige, en définitive, qu'une augmentation dans la somme des précipitations neigeuses, et cette augmentation peut se réaliser sans que la température moyenne ait baissé ; mais, une fois l'effet produit, l'influence des masses de neiges et de glaces accumulées ne manquera pas d'amener une aggravation du climat local; cette dernière se trouvera ainsi être la conséquence et non la cause du phénomène. » (1)

La marche des glaciers est soumise aux mêmes lois que la marche des cours d'eau. Les glaciers coulent lentement en rabotant et déblayant les vallées; ainsi, ils usent, strient et polient les rochers, comme il est facile de s'en assurer quand il y a retrait des glaciers, à la suite d'une ablation plus grande que l'alimentation. Les sables, les boues, les graviers sont entraînés par les ruisseaux sous-glaciaires jusqu'à l'extrémité libre. Les cailloux plus tendres sont striés, et leur présence dans des alluvions permet de reconnaitre qu'elles sont d'origine glaciaire.

Les rochers, rabotés en amont, deviennent moutonnés et la direction des stries des roches polies indique la direction de la marche du glacier. Enfin, sur le glacier on trouve des blocs d'un volume quelquefois considérable, témoin la masse de serpentine de 8,000 mètres cubes (le Blanstein) qu'on observe dans la vallée de Saas, et que, d'après Charpentier, on voyait encore en 1740, sur le glacier de Mattmark. Ces blocs, transportés par le glacier, s'avancent aussi loin que lui; il les abandonne lorsqu'il se retire; il les pousse en avant, lorsqu'il s'allonge. Ces blocs isolés, erratiques, sont de précieux témoins pour l'interprétation de l'extension des glaciers.

---

(1) M. de Lapparent. *Géologie.*

Les glaciers actuels ne creusent pas, n'affouillent pas, ne découpent pas les parois des vallées comme le font les cours d'eau; mais ils excellent à déblayer les vallées et à en rectifier les parois. Ce sont, en outre, comme il est dit plus haut, de remarquables instruments de transport.

Eh bien! toutes les vallées de la Haute-Savoie ont été envahies par les glaciers, ainsi qu'en témoigne l'abondance des boues glaciaires et des blocs erratiques que l'on y trouve. Le glacier du Rhône enveloppait toute la région nord et nord-ouest du département; il y recevait deux affluents importants : le glacier du Mont-Blanc, descendant la vallée de l'Arve, et le glacier de Beaufort, descendant la vallée de Faverges et du lac d'Annecy. En thèse générale, les boues glaciaires sont beaucoup plus abondantes dans le fond des vallées ou sur les petits monticules qui les enveloppent, que sur le sommet des plateaux. Ce fait me paraît indiquer qu'avant l'arrivée des glaciers, dans notre région, de grandes érosions y avaient eu lieu, la topographie était déjà celle d'aujourd'hui, aussi bien pour les petites vallées que pour les grandes découpures.

On trouve une grande accumulation d'alluvions glaciaires dans les vallées du Fier et de La Fillière, dans le ravin du Daudens, en amont du Plot, et dans celui qui sépare Evires de Groisy; il en est de même dans les ravins ramifiés, situés entre Les Ollières et Villaz.

Une grande moraine existe, de Saint-

Laurent à La Roche. La vieille tour de La Roche est bâtie sur un bloc énorme d'environ 3,000 mètres cubes; de nombreux blocs ont des bases dépassant 60 mètres carrés et forment, surtout au nord de ce bourg, une longue et large trainée, connue sous le nom de *Plaine des Rocailles*. Dans l'intérieur des chaînes-calcaires, il existe de nombreux amas de moraines, provenant de glaciers locaux, par exemples les moraines du vallon du Reposoir, du Mont-Saxonnex, des vallées de Bellevaux et d'Abondance. La plupart des terres cultivées des plaines sont dues directement aux boues glaciaires ou proviennent de ces boues remaniées par les cours d'eau post-glaciaires. Leur importance est donc très grande et leur connaissance indispensable aux cultivateurs. Elles forment presque toujours de bonnes terres. « Sur le territoire d'Evian, dit Boitel, la protogine, descendue du Mont-Blanc, produit un sol semblable, à peu de chose pré, aux terres granitiques. Ce sol, remanié par les eaux et mélangé aux éboulis-calcaires des collines jurassiques du voisinage, atteste une prodigieuse fertilité par les produits qu'on en obtient. La vigne, le châtaignier y atteignent des dimensions colossales. La vigne, connue sous le nom de Grosse, atteint, en hauteur et en largeur, des dimensions telles, qu'il faut un tronc de grand châtaignier, muni de ses branches principales pour la soutenir et la palisser. Cette vigne séculaire est disposée en lignes espacées, de manière à permettre entre les lignes toute espèce de cultures. Les crosses n'occupant que peu d'espace, rapportent autant de vin que si le champ était complètement couvert de ceps. Grâce à la fertilité du sous-sol, l'arbuste y trouve toute sa nourriture; et les plantes herbacées, intercalées (blé, pommes de terre, avoine, trèfle, légumes, etc.), profitent au contraire des substances fertilisantes du sol. C'est une manière ingénieuse d'exploiter le sous-sol par la vigne et le sol par les cultures herbacées. Les crosses n'auraient pas de raison d'être sur un terrain dont le sous-sol serait de mauvaise qualité.

« Le paysan tient grand compte de ces conditions agrologiques Sur une terre sans profondeur, où dominent les débris de la roche protogénique, il se garde de mettre des crosses, il y pratique la vigne en plein, formée de ceps rapprochés, sans aucune culture intercalaire. Les terres protoginiques profondes et enrichies de calcaire par les éboulis, dénotent une fertilité qu'on constate toujours quand le sol résulte du mélange des roches ignées avec les roches sédimentaires. Ces roches se complètent les unes par les autres; elles fournissent aux plantes tous les éléments dont elles ont besoin pour donner des produits variés et abondants. Les vergers de cette partie de la Savoie produisent en abondance des foins de bonne qualité, bien qu'ils soient garnis de noyers, de cerisiers, de pommiers, de pruniers et de figuiers, d'un excellent rapport. Le climat et le sol sont, à ce qu'il paraît, très favorables à ces diverses productions, faciles à écouler dans les cités populeuses des deux rives du lac de Genève. Les cultivateurs de cette région privilégiée affirment ne pas souffrir de la crise agricole qui pèse si lourdement sur les autres régions de la France : on a une idée de la fécondité de ce terrain, en voyant la magnifique châtaigneraie de Neuvecelle, à l'altitude de 373 mètres. Parmi ces châtaigniers, on en montre un véritablement monumental ; il a 25 mètres de hauteur et 14 mètres de circonférence. Les guides ne manquent pas de le signaler à l'attention des voyageurs. » (1)

A l'époque glaciaire, à Annecy, la masse de glace des glaciers dépassait 800 mètres d'épaisseur. D'après cela, on peut juger de l'énorme volume d'eau produit par la fusion de tous les glaciers recouvrant le département et s'expliquer ainsi les immenses érosions que l'on y constate.

Aussitôt après le retrait des glaciers, le lac d'Annecy avait une surface bien plus grande que celle qu'il a actuellement, ainsi que l'attestent ses anciens rivages formés par les terrasses de graviers que l'on trouve jusque dans la plaine des Fins, dans les vallées du Fier, de La Fillière et au-delà jusque vers Faverges. Ces rivages forment trois étages de terrasses, dont le supérieur est à plus de 30 mètres au-dessus du niveau actuel. Alors un autre lac couvrait la vallée du Fier, de Saint-Clair à la cascade de Morette, le défilé de Saint-Clair étant

(1) A. Boitel. *Agriculture générale*, page 173.

bien moins profond qu'aujourd'hui. Le Fier se déversait donc dans le lac d'Annecy. Puis, sous l'action continue de l'érosion fluviale, et le même fait se produisant à la sortie de tous les lacs, en ce qui concerne le lac d'Annecy, les gorges du Fier se sont creusées peu à peu, en produisant par ce fait un abaissement des eaux du lac, et lentement le pays a pris sa configuration actuelle. Les alluvions ainsi formées après le retrait des glaciers ou postglaiaires, bien que moins développées en surface que les alluvions anciennes ou préglaciaires et que surtout les alluvions glaciaires, n'en constituent pas moins un horizon utile à connaître pour le cultivateur. En effet, avec les alluvions modernes, elles forment des terrains bas, assez souvent submersibles par les fortes crues des rivières, mais d'une fertilité presque toujours supérieure à celle des terres plus élevées. En général, parmi les alluvions les moins bonnes sont celles qui sont argileuses, caillouteuses ou pierreuses. Les meilleures sont celles qui, étant perméables, contiennent en bonne proportion l'élément calcaire.

En même temps que se formaient ces alluvions postglaciaires et modernes, se formaient aussi les sols dus à la décomposition des roches en place ou aux éboulis amassés au pied des falaises. Lorsqu'ils proviennent du même niveau géologique, ces sols ont une composition identique sur de grandes étendues, mais lorsqu'ils proviennent des éboulis formant des cônes de déjection au pied des falaises, il faut tenir compte de la nature géologique de l'ensemble des falaises.

Il résulte de ces faits que, pour avoir une idée générale des différents sols arables de la Haute-Savoie, formés dans ces conditions, il suffit de se reporter à ce que nous avons dit sur la direction des différents étages géologiques dans le département.

§ VI

SOURCES.

Enfin, l'eau est aussi indispensable à l'installation d'une ferme ou de toute autre habitation humaine, que les bonnes terres. La nature des roches du département étant connue, ainsi que la direction de leurs couches, il est possible d'indiquer rapidement à quels niveaux géologiques on est en droit de trouver les sources.

Partout où l'on rencontre des amas assez considérables d'alluvions recouvrant des boues glaciaires, on observe, dans les pentes, des sources à leur point de jonction. Il en est généralement de même lorsque les alluvions recouvrent les molasses.

Les schistes du flysch étant peu perméables, empêchent toute infiltration profonde, et, en retenant l'eau, ils forment toujours un sol humide. Comme ils sont généralement à la surface du sol, les eaux de pluie ou de la fonte des neiges y circulent facilement, et, lorsqu'ils sont disposés en cuvette, ils s'en échappent, suivant la ligne de plus grande pente, des sources abondantes, donnant naissance, dans certains cas, à des ruisseaux ou des rivières; tels sont ceux de Menthon, le Bronze, le Borne, le Foron de Scionzier, le Fier, etc.

Les calcaires nummulitiques et la craie se laissant assez facilement traverser par les eaux pluviales, lorsque celles-ci arrivent sur les couches du gault, elles y sont arrêtées et forment des sources d'un débit généralement assez constant mais peu abondant, comme cela se voit au pied de la Croix-de-Fer, de la pointe du Colonney et le dos du Crîou.

Les calcaires de l'urgonien, entrecoupés de nombreuses fentes et couronnant la plupart des sommités de la zone subalpine, peuvent être regardés comme étant d'immenses collecteurs. Au-dessous, les marno-calcaires du néocomien, arrêtant facilement les eaux d'infiltration, sont le siège de nombreuses et abondantes sources.

Telles sont celles que l'on trouve en montant à Soudine, au flanc du Parmelan. Il en est de même des sources de la Filière, du vallon du Lindion et de celles des Balmettes et du Var, utilisées par la Ville d'Annecy.

Les calcaires du jurassique supérieur peuvent aussi être considérés comme étant de bons collecteurs, et les eaux d'infiltration étant arrêtées par les marnes du jurassique moyen ou du lias, en sourdent quelquefois en sources abondantes et constantes.

Enfin, dans le massif du Mont-Blanc, les conditions d'infiltration ne sont pas spéciales à telle roche plutôt qu'à telle autre. Ici, il faut surtout envisager, dans la recherche des sources, l'inclinaison des couches et les crevasses que présente le sol géologique.

Chambéry, le 23 juin 1892.

CONFERENCE

SUR

L'INDUSTRIE LAITIÈRE

DE LA HAUTE-SAVOIE

PAR

M. E. RIGAUX

Professeur départemental d'Agriculture

A ANNECY

L'industrie de l'élevage et de la production du lait est aussi ancienne que le monde. Pour subvenir à leurs besoins, les premiers hommes ont apprivoisé, puis domestiqué certains animaux pour se nourrir de leur lait, de leur chair, et se confectionner des vêtements avec leur peau. Ce n'est que plus tard que l'on a songé à cultiver la terre pour en obtenir des produits meilleurs et plus abondants que ceux que nous donne la nature sauvage.

A travers les âges, l'élevage des troupeaux n'a fait que s'étendre de plus en plus. Caton, Virgile, Columelle, et, plus tard, Olivier de Serres, Bernard Palissy, Sully et quantité d'autres ont recommandé l'élevage des animaux domestiques, les considérant comme l'opération agricole la plus avantageuse.

Aujourd'hui, plus que jamais, la production du bétail s'impose; car la culture des céréales n'est rémunératrice qu'à la condition d'être intensive, et elle ne peut l'être que par une production abondante de fumier, conséquence d'un nombreux troupeau.

Il convient donc de mettre en prairies naturelles ou artificielles une bonne partie de la ferme, la moitié si possible, de cultiver des fourrages verts, surtout ceux qui sont précoces, tels que le trèfle incarnat, la vesce d'automne, le seigle en vert, etc., de produire des quantités de racines et de tubercules, tels que pommes de terre, betteraves, raves, choux-raves, choux-navets, sans oublier les choux verts ou choux branchus du Poitou, qui viennent très bien sous notre climat. Cette multiplicité de culture permettra de ne faire revenir qu'à de longs intervalles sur les mêmes champs, les trèfles et les sainfoins qui dégénèrent vite s'ils y reparaissent trop souvent, ainsi que le disait déjà M. Genin, rapporteur de la prime d'honneur au Concours régional d'Annecy, en 1881.

Un second point sur lequel je veux appeler votre attention, c'est le choix judicieux du bétail, et les soins à lui donner pour en retirer de sérieux bénéfices. Les races répandues dans le pays sont la tarine, la vache suisse, et la chablaisienne dite d'Abondance. Ces trois races sont excellentes et conviennent très bien aux diverses parties du département où elles se sont répandues.

Ce qui est surtout à recommander, c'est une alimentation abondante et bien combinée. Vous avouerez qu'il y a beaucoup à faire dans cette voie. M. Vindret, vétérinaire départemental, nous dit que de l'examen de la statistique de 1891, il résulte que les 86,000 vaches laitières du département ont produit 1,534,000 hectolitres de lait, soit environ 1,780 litres par bête. Mais le rendement, par tête, serait de 227 francs dans le canton d'Abondance, 225 fr. à Thônes, 164 fr. à Faverges, et 145 fr. à Annecy-Sud. Il y a là un écart dans la production qui est dû, en grande partie, au mode d'alimentation.

Si, d'autre part, je consulte les carnets de fruitières des agriculteurs intelligents, je constate, à Annemasse, des rendements de 2,980 kilos, vendus 416 fr.; à Villard-sur-Boëge, 3,180 kilos, valant 380 fr., et jusqu'au 3,212 kilos qui, à 12 centimes, donnent un revenu de 385 fr., sans compter le veau.

L'éleveur fera donc bien de se pénétrer de cette vérité : à savoir, que l'animal est une machine à transformation, et qu'il ne donnera qu'en proportion de la nourriture qu'il aura absorbé.

Mais il ne suffit pas du foin en quantité considérable. Une alimentation, pour être profitable, doit être rationnelle, c'est-à-dire combinée de telle façon qu'une partie de la ration soit en nourriture fraîche, et l'autre en matière sèche ; c'est pour cela que je recommande les fourrages verts pour la saison d'été, et les racines et tubercules pour la saison d'hiver.

Ajoutons que la propreté des locaux et des animaux joue un rôle considérable dans la quantité et la qualité du lait produit.

Le lait se travaille dans des établissements plus ou moins primitifs appelés fruitières. Cette fabrication remonte à une haute antiquité, car on trouve des moules à fromages dans les débris provenant des fouilles dans les lieux habités autrefois par les colonies lacustres. Pline nous dit qu'en l'an 161, Antonin-le-Pieux mourut d'une indigestion de fromage. Schatzmann rapporte que, dès le XIIe siècle, la fabrication du gruyère se faisait en commun par différents propriétaires réunis dans ce but. En 1654, le nombre des fruitières, dans le Jura, était excessif, disent les anciens documents, en 1800, l'industrie fromagère s'y chiffre annuellement par 800,000 livres dont les sept huitièmes en gruyère

La tradition nous rapporte qu'autrefois le fromager fabriquait dans la maison de celui qui avait le tour du fromage, se transportant ainsi chaque jour de maison en maison avec sa chaudière et son modeste matériel de fabrication Plus tard, on loua un local central qu'on aménagea plus ou moins bien à cet effet ; enfin, ce n'est que récemment que l'on a construit des bâtiments *ad hoc*.

Cette façon d'opérer explique comment il se fait que dans les états de recensement des fruitières, dressés chaque année par les soins de la Préfecture, on trouve que la date de la plus ancienne fruitière ne remonte pas au-delà de 1820. On a voulu évidemment parler du bâtiment affecté à la fabrication et non de l'industrie elle-même, dont on a constaté l'existence, il y a plus de 600 ans, dans la région du Jura.

Le recensement des fruitières de la Haute-Savoie, pour 1889, en accuse 297, ainsi réparties :

Arrond^{t}	d'Annecy	74	fruitières.
—	de Bonneville . . .	70	—
—	de Thonon	67	—
—	de Saint-Julien . .	86	—

Ces établissements avaient travaillé ensemble 317,188 quintaux de lait, donnant environ 24,425 quintaux de gruyère demi-gras. Au 1er janvier 1892, on en comptait 331 ; c'est donc une augmentation de 11 fruitières par an ; et comme dans un travail d'ensemble sur ce sujet j'estimais à 200 le nombre des fruitières dont la création serait utile, il en résulte qu'avec 18 à 20 ans de cette marche progressive, on arriverait au but indiqué.

La fabrication en commun est d'autant plus avantageuse, que les quantités de lait apportées sont plus considérables; aussi, j'ai indiqué comme devant être supprimées et réunies à leurs voisines 50 petites fromageries. J'ai même la ferme conviction que plus on opérera de réunions, mieux on s'en trouvera, et je ne désespère pas de voir dans la vallée de l'Arve, de Cluses à Reignier, toutes les fruitières fondues en deux seulement, La Roche et Bonneville, où l'on traiterait, comme à l'Ecole nationale de laiterie de Mamirolle, de 7 à 10,000 kilos de lait par jour.

On est généralement d'avis qu'il n'y a pas lieu de créer une fruitière si l'on ne dispose pas du lait d'au moins 100 à 120 vaches, ce qui représente un apport journalier moyen de 450 à 500 litres.

Le gruyère, dit-on, est le roi des fromages; mais c'est aussi celui dont la fabrication demande le plus de soins et de connaissances spéciales C'est ce que le Conseil général de la Haute-Savoie a fort bien compris lorsqu'il a créé les quatre fruitières-écoles de Pringy, La Roche, Lullin et Seyssel (autrefois Desingy) Tous les ans, 12 à 15 jeunes gens sortent de ces écoles, au courant d'une bonne pratique et possédant les connaissances techniques suffisantes pour diriger convenablement une fruitière.

Mais si le fabricant joue un rôle prépondérant dans la bonne réussite d'une pièce de gruyère, ce n'est pas tout, il lui faut au moins un matériel et un local convenables.

Les anciennes installations n'avaient pas de foyers; la chambre était remplie d'une fumée âcre dont le goût se communiquait plus ou moins au fromage et surtout au beurre. Aujourd'hui, on a des fourneaux qui garantissent de la fumée, donnent une chaleur régulière et usent beaucoup moins de bois. Ces fourneaux, en fonte ou en forte tôle, se démontent et peuvent facilement se transporter en montagne, ou d'un local à un autre.

Les presses d'autrefois étaient à pression uniforme; aujourd'hui, cette pression varie à volonté, selon la grosseur, l'espèce, l'âge du fromage. C'est un progrès sérieux et dont la réalisation est peu coûteuse.

Le lait est un liquide excessivement délicat, sujet à une rapide altération; aussi, la conservation de la traite du soir jusqu'au lendemain matin se fait-elle dans un local spécial, à exposition nord, frais et aéré. Aujourd'hui, on complète cette pièce par l'addition d'un bassin réfrigérant où circule constamment une eau fraîche et dans lesquels sont déposés les récipients en fer battu contenant le lait.

Lorsqu'on porte le fromage à la cave, ce n'est qu'une masse insipide et indigeste, et lorsqu'il en sort, il doit être savoureux, bien ouvert, agréable à la vue, au goût, d'une digestion et d'une assimilation faciles. C'est dire que la cave est un laboratoire où s'opèrent des transformations que nous constatons, il est vrai, mais dont le détail intime nous échappe. Tout ce que l'on sait, c'est que ce travail est l'œuvre de certains ferments qui ne se développent que dans des conditions déterminées de chaleur et d'humidité. Il est donc urgent que dans une fruitière bien tenue, il y ait une cave à deux ou trois compartiments, et que l'un d'eux soit chauffé, en hiver, à une température de 12 à 15° avec un degré hygrométrique de 90 à 95 pour que la fermentation s'opère dans de bonnes conditions. C'est dire qu'il faut un fourneau muni d'un vaporisateur. Avec ces modifications et améliorations indiquées à grand trait, on peut espérer avoir des gruyères bien réussis.

Je veux aussi dire un mot du mode d'exploitation des fruitières : on trouve d'abord le système primitif du *tour* où le fromage du jour appartient, à celui qui a le plus de lait à son avoir : les multiples inconvénients de ce système ont été signalés assez de fois pour que je n'y revienne pas.

Le second mode d'exploitation consiste à vendre le lait à un fruitier qui exploite à ses risques et périls : c'est sinon le plus productif, au moins le plus commode. Un de ses grands inconvénients, c'est que la vente est trop souvent faite à des individus besoigneux, tirant le plus de beurre possible qu'ils vendent au comptant, et le fromage, considéré comme un accessoire, est mal soigné, et vendu à un prix inférieur, ce qui donne une mauvaise réputation à toutes les fruitières du département et en déprécie les produits. Les Suisses eux-mêmes se plaignent amèrement de ce système qui se pratique aussi chez eux, et j'ai pu lire leurs doléances à ce sujet dans un récent article du *Messager* de Fribourg.

En troisième lieu, vient le système de l'association intégrale où le lait est travaillé en commun, les produits également vendus en bloc et l'argent réparti à chacun en proportion du lait fourni. C'est le système par excellence : il est parfait à condition que la fruitière ait un conseil d'administration surveillant sérieusement la marche de l'établissement.

Disons qu'une porcherie est le complément naturel de toute fruitière ; c'est un revenu assez sérieux, et on évite ainsi de donner le petit-lait aux vaches, ce qui est une mauvaise alimentation lorsqu'il devient acide.

Je rappelais tout à l'heure qu'une bonne alimentation du bétail pouvait augmenter de plus de *huit millions* le bénéfice annuel de l'industrie laitière dans le département. Si je me reporte aux chiffres de mon rapport de 1890, je trouve que les résultats d'une bonne fabrication se traduiraient par une plus-value annuelle des produits de 2,750,000 fr. C'est donc une somme de 10 à 11 millions que nos producteurs de lait peuvent trouver tous les ans en sus de leurs revenus habituels, soit, en moyenne, 24,000 francs par fruitière. Ces chiffres, qui sont certainement au-dessous de la réalité, s'imposent à l'attention sérieuse de nos agriculteurs.

Il n'est pas nécessaire de chercher dans les grandes villes une aisance, un bien-être qu'on y rencontre presque jamais ; on peut vivre heureux à la campagne en dirigeant intelligemment son exploitation.

De l'avis même des marchands de fromages, la fabrication du gruyère s'est bien améliorée en Haute-Savoie depuis quelques années, mais le prix de vente ne s'est pas élevé : il y aurait plutôt une baisse. En 1865, la Commission de concours des prix culturaux constate que le lait porté à la fruitière rapporte net de 10 à 11 centimes le kilo. M. Dagand l'estime, dans le canton d'Alby, à 12 centimes 1/2; enfin, en 1881, M. Génin, rapporteur du Concours, parle de 13 et même 14 centimes; aujourd'hui, la moyenne n'atteint pas 12 centimes.

Quelle est la cause de cet avilissement des prix, malgré l'amélioration des produits? Elle tient surtout à la surproduction, car les fabriques de gruyère se sont multipliées hors de toute proportion, et la France qui importait ce fromage il y a quelques années encore, en exporte actuellement 80,000 quintaux par an.

Un des motifs de découragement dans l'établissement des fruitières, c'est la grande variation dans les prix; on passe brusquement à des écarts de 15, 20 et même 30 fr. par 100 kilos. En face de baisses aussi considérables, les associations se dissolvent, et ne se reconstituent pas facilement.

Il existe un remède contre ces variations, c'est l'*association*. Lorsque les fruitières seront associées, elles fabriqueront forcément des produits uniformes qui pourront se vendre directement, sans l'intermédiaire des courtiers, ce qui supprime des frais généraux élevés. Les marchands, sûrs de trouver au siège de l'association ce qui leur sera nécessaire, n'auront plus intérêt à offrir des prix élevés pour se procurer de la marchandise à un moment où elle sera très demandée. Il ne se produira plus de hausses brusques; par conséquent, pas de baisse plus accentuées encore et plus durables que n'avait été la hausse. La vente étant régulière, la production le sera également. Le Jura et le Doubs ont compris cette vérité et se sont déjà organisés en vue d'une production uniforme et d'une vente en commun. Il faut espérer que la Savoie et la Haute-Savoie suivront cet exemple.

Je résume ces quelques données sur notre industrie laitière :

1° Production plus abondante de fourrages verts, de racines, de tubercules, de prairies et de pâturages, avec assolement bien compris pour les trèfles, sainfoins et luzernes ;

2° Choix de beaux et bons animaux dans les races du pays ; alimentation abondante et rationnelle,

3° Amélioration du personnel, du fonctionnement, du matériel et des locaux des fruitières ; création de fruitières nouvelles, réunion des petites, autant que possible ;

4° Association pour une fabrication uniforme et pour la vente des produits en commun.

Quand l'industrie laitière de la Haute-Savoie aura rempli tous ces *desiderata*, chose possible et relativement facile, la fortune agricole du pays se sera considérablement accrue ; et jusque dans les montagnes les plus reculées, l'éleveur trouvera, grâce à cette bonne utilisation du lait, sinon la richesse, au moins une modeste aisance, un bien-être qu'il n'avait jamais connu auparavant. J'ai le ferme espoir que mes prévisions ne tarderont pas à devenir une belle et bonne réalité. E. RIGAUX.

CONFÉRENCE

SUR

LE GROS BÉTAIL

DE LA HAUTE-SAVOIE

PAR

M. Raoul BARON

Professeur à l'Ecole vétérinaire d'Alfort.

Messieurs,

Permettez-moi de commencer cette conférence, ou, pour parler moins solennellement, cette causerie familière, en vous disant que c'est au rétablissement de la chère santé de M. Menanlt que vous devez la surprise d'entendre ici un homme qui vous est profondément inconnu, et qui semble venir de fort loin pour usurper les droits de votre proche voisin, le distingué professeur de zootechnie de l'Ecole vétérinaire lyonnaise... Il est vrai que M. Cornevin, dont je suis le collègue à Alfort, et dont surtout je suis le collaborateur et l'ami, reste, malgré les apparences, la cheville ouvrière de la Leçon annoncée dans ce concours. Mon plus grand mérite, c'est d'avoir eu l'idée de couper en deux le voyage de Paris à Annecy, en stationnant à Lyon, assez de temps pour interwiever

M. Cornevin et lui arracher sans douleur les documents précieux qu'il possédait sur les races bovines *Tarentaise*, *Villard-de-Lans* et *Abondance*. Et pendant que je suis sur le terrain des aveux, il faut que je vous dise avec quel sans gêne, une fois installé chez vous, j'ai osé demander l'aumône de leur érudition à des personnes riches et généreuses, telles que M. de Mole, auteur bien connu de la meilleure carte géographique représentant les berceaux des races françaises et suissesses.

Quant à M. le commissaire général Menault, déjà nommé et qui me pardonnera de le nommer plusieurs fois encore, d'ici la fin de mon sermon ; quant à M. Menault, dis-je, c'est une affaire entendue : nous constituons à nous deux un couple de gredins inqualifiables, si acoquinés l'un à l'autre, que tous les types de l'animalité domestique sont fatalement condamnés à posséder bientôt leur histoire zoologique et zootechnique!..... c'est moi qui suis chargé de tirer le gibier ; mais j'ai la chance d'avoir un *rabatteur* actif et enthousiaste comme on n'en avait jamais vu : somme toute, il m'a comblé de renseignements.

Supposons, Messieurs, que ces quelques paroles polies à coups de hache, constituent tout de même un exorde et un *minimum* acceptable de précautions oratoires... je vais commencer.

Mon plan est d'une simplicité charmante : je vais faire venir sous vos yeux un taureau de SIMMENTHAL, une vache de SCHWITZ, un couple de TARINS, un couple de VILLARD-de-Lans et un couple d'Abondance. Et, autant que possible, je ne disserterai devant vous qu'en m'appuyant de tout mon poids sur l'*argumentum ad oculos*. De cette façon, j'aurais du moins l'immense avantage d'être absolument dans l'esprit de l'institution de notre inspecteur, M. Menault, qui tient à ses « Leçons de choses » comme à la prunelle de ses yeux... Enfin, si cette trivialité ne vous scandalise pas, je vais jusqu'à me réjouir de l'occasion exceptionnelle qui m'est offerte de prouver aux braves Savoyards qui circulent le long de la promenade, que la plus grande des attractions, durant la fête d'Annecy, est réellement l'exhibition zoologique de leurs magnifiques bovins de la Tarentaise, de Villars-de-Lans et d'Abondance. Je prends mon rôle tellement au sérieux que j'accepte d'avance toutes les critiques possibles : je suis, si vous le voulez, un zootechnicien théâtral, je suis un montreur d'animaux, j'ai choisi mon jour, mon heure, mon soleil et mes arbres... Je finirai bien toujours par apprendre ce que j'ai voulu savoir en accomplissant un si long pèlerinage; je serai fixé sur la psychologie des éleveurs de cette région, en voyant leur attitude au prêche, étant donné que le prédicateur est convaincu de sa doctrine et plein de son sujet. . . . . , . .

Le taureau Simmenthal que voici, n'est pas un *lauréat* .. mais c'est un *revenant !* autrement dit : c'est une victime de nos exigences économiques modernes, en vertu desquelles un jury élimine sans scrupule tout candidat qui lui rappelle trop cruellement le bœuf de la période *néolithique!!!* Nous avons probablement tous raison .. ou plutôt chacun de nous a ses raisons particulières, grâce auxquelles il déclare « intéressant » le BÉTAIL LE MIEUX ADAPTÉ.

Le mieux adapté? — à quoi? — à son but immédiat.

Je suis bien à mon aise, Messieurs, pour déclarer en ce moment que ce taureau m'hypnotise et me suggestionne tant et plus ???

Hier, j'étais membre du jury..., j'étais même (par une gracieuseté toute particulière de mes collègues), président du jury... Mais je ne veux pas que ma reconnaissance aille jusqu'à l'oblitération systématique de mes facultés d'archéologue et d'archéologue *dilettante*... Ce taureau, enfin, est une réincarnation, un avatar, une métempsychose fantastique du *Bos Frontosus* de Rütimeyer; cela suffit. Je vous dirai donc à tête reposée : « Voici l'un des ancêtres respectables de vos petites races d'aujourd'hui : tous les bovins à front *bombé*, à cornes *elliptiques* rejetées *en arrière*, à extrémités *blanches*, à pelage *tacheté*, à queue *haute*, à poitrine *plein-cintre*, bas sur pattes, pleins de promesses pour la fabrication de la chair comestible ou du fromage..., tous ces bestiaux-là, ce sont des héritiers du *B. Frontosus*, obligés en toute conscience d'aller, au moins une fois dans leur vie, sur les bords du lac Pfæffikon, pour y meugler une oraison funèbre en l'honneur du Grand-Bœuf, commun-

progéniteur de tous les bovins à front bombé, à cornes rétrogrades, à extrémités blanches, à muqueuses claires, à pelage tacheté, à queue haute..., etc., etc. Ou bien, alors, si c'est Rûtimeyer qui est le Bossuet de cette paléontologie, exigeons qu'un bovin quelconque, de la Suisse ou des deux Savoie, ne soit reçu au baccalauréat ès sciences, qu'après avoir récité par cœur toute la description de *Bos Frontosus* légendaire et épique.

Ce langage, Messieurs, vous paraît nouveau? Et cependant, il y a des années que l'on insiste pour vous faire concevoir que tous les bovins « fleckvieh » ont une origine commune. Ce mot même de *fleckvieh* est très curieux pour un désintéressé comme moi. Savez-vous ce qu'il me dit? — Il me dit, à n'en pas douter, que le bon petit peuple helvétique, patriote et républicain comme vous l'êtes aussi, a cru devoir renoncer à une nomenclature tirée des localités trop nombreuses dans lesquelles se disperse de jour en jour le bétail tacheté *pie-noir*, *pie-marron*, *pie-rouge*, *pie-orange*, *pie-café-au-lait*... plus ou moins clair... Je ne fais que vous traduire en français des mots allemands que vous préférez sans doute ne pas connaître, et qui, du reste, n'ajouteraient rien à la notion fondamentale que vous avez tous dans l'esprit.

Et vérité, je vous le répète (et M. Menault est là qui m'approuve de son regard à la fois paternel et confraternel) : *les races géographiques ont fait leur temps, à moins que l'on ne substitue dorénavant la géogra-*

phe PHYSIQUE *à la géographie dite* « politique... » (?)

M. de Mole, lui aussi, m'encourage tacitement dans cette verbalisation novatrice, en vertu de laquelle on peut renvoyer tous les plaideurs dos à dos. . . . .

Mais attendez donc : car il y a un certain naturaliste et zootechnicien français, M. Sanson, qui désigne tous nos bovins précédents sous le nom de *Bos Taurus Jurassicus*. Attendez encore : car un autre naturaliste avait inventé le nom de « THALLÆNDRIND ». Malgré le plaisir que j'aurais à constater la priorité et la supériorité d'un compatriote sur un étranger, je ne puis ne pas donner ici la double palme à Brehm, pour la netteté de sa terminologie : car le mot *Jurassicus* est une insinuation mal réussie, attendu que le bétail *fleckvieh* n'est point un bétail des monts Jura ni même des montagnes en général : c'est un bétail des vallées, des cours d'eau et des lacs, c'est-à-dire des parties déclives que l'on rencontre dans les endroits présentant de fortes dénivellations. — *Simmenthal* ici, *Emmenthal* à côté, *Moelthal* plus loin, etc., pourvu que ça finisse en « thal... » Donc le meilleur mot était et est bien encore THALLÆNDRIND.

Les idées s'éveillent par contraste et je vous présente maintenant une vache du type *braunvieh*, désigné par Brehm sous le nom d'*Alpenrind*, et par M. Sanson sous le nom de *B. T. Alpinus*. Même remarque que tout à l'heure : *Alpinus* est une mauvaise traduction locale d'ALPÆNRIND. Je comprends jusqu'à un certain point que les Alpes soient les montagnes par excellence, mais je vous rappelle que « ALP » signifie strictement « montagne... » Cela a d'autant plus d'importance, que nos bestiaux des Pyrénées, de l'Aubrac et des Cévennes sont des *Braunvieh* (que je ne sais guère distinguer pour mon propre compte, des Schwitz et autres descendants de *Bos brakyceros* retrouvé, lui aussi, au fond du lac Pfæffikon.)

Cette fois, nous avons encore un type trapu; mais le profil n'est pas sortant comme chez le *frontosus;* les cornes sont rondes à la base et en lyre affaissée. Le poil est manifestement une livrée de bête sauvage : *Braunvieh* signifie textuellement *bétail brun*, mais il faut traduire plus techniquement par les mots de « fauve louveté », « louvet », « poil de cerf, ventre-de-biche, dégradé aux parties pénultièmes et charbonné aux pointes ultimes ».

Je prétends, Messieurs, vous faire accepter cette thèse pleine d'abstraction et d'une sécheresse presque égale à celle du beau temps que nous avons aujourd'hui, savoir : *que nos races modernes et même contemporaines, telles que celles de la Tarentaise et d'Abondance, ne sont ni filles, ni petites-filles de celles qui paraissent leurs aînées et que l'on a décrites dans les livres sous les noms de Schwitz et de Simmenthal.* Cela va vous faire plaisir... et je le regrette presque ! Je ne suis pas, en effet, venu ici pour vous donner raison malgré vos torts, non plus que je veuille atténuer vos torts en faisant valoir les bonnes raisons que vous invoquez à l'endroit de vos petites Races « autonomes » de la Haute Savoie. Je suis venu vous dire ce que je pense de toute cette vieille dogmatique usée des races locales, en vertu de laquelle il y aurait autant de différences entre un Tarin et un Schwitz, qu'entre un bovin et un autre bovin quelconque de la série zoologique! Or, cela est d'une absurdité compromettante, contre laquelle je veux mettre en garde les plus chauds partisans des groupes qu'ils ont cherché et réussi à faire classer dans nos Concours régionaux. Tenez! vous voyez ces beaux platanes qui vous abritent en ce moment et dont l'ombrage vous aide à subir la prolixité de mes litanies polyglottes (!)... Voyez-vous bien que ces grosses belles branches, qui se détachent du tronc commun, n'ont entre elles qu'une parenté *sororiale*... et que les branches du dessus n'ont entre elles que des rapports indirects de parenté collatérale progressivement éloignée?...

Telles se présentent à l'observateur d'aujourd'hui tous ces rameaux bovins issus probablement d'une même souche, d'un *Bos primigenius* et dont aucun survivant ne peut avoir la prétention d'être, vis-à-vis des types de notre époque, qu'un *cousin germain*, *issu de germain* ou *remué-issue-de-germain!*...

Les gens qui ont voulu prouver davantage, ont fini par ne plus rien prouver du tout; et je les abandonne à leur malheureux sort. . . . .

Voici, par exemple, un bon couple de Tarentais. Mais ne vous y fiez pas, mes chers auditeurs... Car si M. Cornevin et moi, nous eussions été désignés pour le Concours régional de Nantes, nous serions tombés d'accord pour leur attribuer les premiers prix des BESTIAUX NANTAIS!!!

Comme document, cela à sa valeur : il n'est pas admissible que deux professeurs de zootechnie soient assez ignorants en ethnologie, pour tomber ensemble sur une pareille sottise? Notre opinion paradoxale s'explique au fond par la ressemblance même des animaux dont il s'agit avec les sujets les plus typiques de la race dite *vendéenne*, selon l'idée des éleveurs occidentaux non moins amis des désignations topographiques que leurs émules du Sud-Est. Je ne saurais dire que mon siège est fait et que je n'ai plus rien à apprendre..., mais j'affirme, en compagnie de mon savant collègue Cornevin, que la race brune des montagnes de tous pays est la forme courte et ramassée du type fauve à extrémités noirâtres, dont le type choletais est censément le prototype. — Un *transitif*, tel que le Tarin, nous suffirait, à défaut de meilleur argument, pour faire accepter cette ethnologie suggestive. Je crois même devoir annoncer, par anticipation, que la « grande race grise » des steppes, le STEPPENRIND de Brehm, n'est que la forme longue et svelte du même bœuf primordial, tant il est vrai que le long et le large impriment à toute la nature vivante leur retouche magistrale et significative. Songez, d'ailleurs, que je ne fais point encore allusion aux qualités économiques de vos animaux tarentais et que je ne leur marchande nullement n'importe quelle supériorité à cet égard.

Ce beau couple de Villard-de-Lans ne sert pas moins ma théorie ethnologique : il est manifeste que, si nous étions dans le centre de la France, nous vous dirions que ces bœufs *limousins*, dont on parle tant aujourd'hui, sont un soleil qui luit pour tout le monde! Voyez ce magnifique taureau et cette vache si bien conformée, et dites-moi si ce n'est pas là de la bonne graine de Limousin! L'œuvre industrielle n'est pas encore arrivée à la limite de ses perfectionnements, sans aucun doute...Mais cela vous regarde, Messieurs, et cela vous regarde tellement, que si vous ne nous faites pas du « Limousin oriental » à bref délai, en cultivant les Villard-de-Lans, c'est que décidément vous vous effacez trop devant les MARCHOIS, dont vous êtes les émules à tous les autres titres! Cela ne sera pas, Messieurs; vous nous ferez, je l'espère, un limousin dauphinois, vous serez les créateurs d'un limousin savoyard qui ne le cèdera en rien au Limousin de la Haute-Vienne ou du Bourbonnais, et qui possèdera en outre des qualités d'acclimatation que le Limousin de Limoges et le Bourbonnais de Moulins n'auraient pas ici, une fois importés de toutes pièces. — La voilà l'œuvre de l'amélioration sur place, l'œuvre de la sélection qui conserve aux vivants de tous les bons crus leur goût de terroir !

Voulant donc vous encourager fortement dans une œuvre zootechnique pure, je ne décrirai pas les caractères ethnologiques du Villard-de-Lans, attendu que je serais forcé de voir en eux des collatéraux de la race blonde d'Aquitaine, légèrement en retard sur leurs oncles, peut-être par coquetterie et en appliquant le vieux dicton du *Reculer pour mieux sauter !* Pensez-y de tout votre cœur.

Le temps presse, et votre admirable patience finirait bientôt par être mise à l'épreuve, si je ne me hâtais d'aboutir. — Voici venir mon dernier couple de bestiaux. C'est *elle*, c'est la fameuse « race ou sous-race d'Abondance ». Je la conservais pour la bonne bouche, et je lui ferai l'honneur de me suggérer mes conclusions finales. Au reste, sa description proprement dite ne saurait me retenir bien longtemps, depuis que M. de Mole m'a fait remarquer que ce groupe local est suffisamment caractérisé, au point de vue ethnologique, dès qu'on se borne à l'envisager comme type tacheté, tendre et léger, du bord méridional et proprement savoyard du grand lac Léman. Cette définition est heureuse ; et, dans ma façon de concevoir les choses, elle ménage fort bien les aspirations, les ambitions mêmes des éleveurs qui m'écoutent là tout près...

Retenez donc, Messieurs, cette loyale profession de foi, cette heureuse profession d'une foi qui sauve tout... Votre race d'Abondance est dans le grand arbre généalogique du *Bos frontosus*, des *Fleckvieh* vieux comme le Déluge, avec cent mille ans en plus, si vous y tenez... Vous ferez du *Simmenthal*, quand vous voudrez, et sans y mettre matériellement du *Simmenthal*. »

Vous avez à vous un bon rameau authentique de « Thallændrind », à propos duquel il serait ridicule d'agiter la dispute des *Henriquinquistes* et des *Orléanistes!*... — Est-ce que je sais, moi ; est-ce que vous savez ; est-ce que n'importe qui sait n'importe quoi sur la branche aînée ou cadette d'un patriarche aussi fantômatique que le *Bos frontosus?* Allez, mes amis, faites-nous du bon lait, du bon beurre et du fromage de première qualité aux dépens de votre bétail d'Abondance... Et je vous donne ma parole que si vous réussissez, toute l'administration centrale croira que c'est arrivé... On vous donnera carte blanche à l'instar de la blancheur des pieds et de la tête de votre petite variété *fleckvieh*. Vous pouvez même citer Darwin et nous faire entendre que toutes les grandes races ont commencé par un *rien infinitésimal*, en fait de pigeons, de chiens, d'hommes, de moutons et de vaches. Il fallait démarrer d'abord, il fallait amorcer la variation insignifiante... Et je vous promets que le théoricien le plus intransigeant de l'Europe serait bien embarrassé de contrecarrer vos instincts novateurs . . . .

Je termine, Messieurs, comme j'ai commencé : c'est aux hommes modestes et compétents, ci-dessus nommés et remerciés, que je suis redevable de la leçon sérieusement *pratique* que vous autres, gens *pratiques*, vous avez pu écouter avec quelque intérêt. Sans les lumières qu'ils m'ont fournies, je n'aurais été, devant cet auditoire recueilli, qu'une cymbale retentissante, une espèce de rhéteur présomptueux se figurant que pour être éloquent il lui suffit d'avoir de bons poumons et de parler d' « Abondance ! »

CONFERENCE

SUR

L'AGRICULTURE

DANS LA HAUTE-SAVOIE

PAR

M. PERRIER DE LA BATHIE

Professeur départemental d'Agriculture de la Savoie

Messieurs.

Le sujet qui m'est échu dans la série des conférences à faire à l'occasion de ce concours, aurait été développé avec une bien plus haute compétence et une connaissance bien plus approfondie des faits et des lieux pour mon sympathique collègue M. Rigaux, professeur départemental d'agriculture de la Haute-Savoie. Ses occupations l'en empêchant, il ne me reste qu'à invoquer toute votre indulgence pour le conférencier qui le remplace.

Ce qu'a été l'agriculture de la Haute-Savoie vers la fin du siècle dernier, ce qu'elle est aujourd'hui et quels sont les progrès restant à accomplir, tel est le sujet que je me propose de développer.

Avant de l'aborder je crois nécessaire d'entrer dans quelques considérations générales sur les conditions extérieures de ce département qui, telles que son sol et son climat, sont les facteurs exerçant la plus grande influence sur la production végétale et animale d'un pays.

L'agriculture d'une contrée est, on peut le dire hardiment, l'expression exacte de son sol et de son climat et si elle ne l'est pas, elle doit tendre à le devenir ; car les plantes, comme les animaux, ne peuvent prospérer qu'à la condition d'être en parfaite harmonie avec le sol qui les porte et le climat où ils vivent.

Un éminent géologue, M. le docteur Hollande vous a exposé l'état dans lequel les convulsions géologiques et les phénomènes telluriques ont laissé le sol de vos montagnes ; mais le géologue n'envisage la plus part du temps ques les couches profondes qui forment le squelette de notre globe, tandis que c'est plutôt de sa couche superficielle, des plantes et des animaux qu'elle produit que je veux vous entretenir.

Situé sur le versant occidental des Alpes, le département de la Haute-Savoie présente une grande variété de terrains. Si sur la carte du département nous traçons deux lignes, A B et B C, dirigées du S. E. au N. O. nous le divisons en trois zones distinctes par les formations qui les constituent comme aussi par leur végétation spontanée et leur productions agricoles. La ligne A B, à son entrée en Haute-Savoie, passe par le col Joly, se dirige par les

Contamines, les Houches, Servoz ; pénètre dans le Valais par le col de Barberine et se continue dans les Alpes graies en passant par Evionnaz.

La ligne C D pénètre en Haute-Savoie à l'Est de Cusy, passe entre Alby et Gruffy, se continue par Annecy, Aviernoz, Bonneville, le Villard de-Boëge, Draillant, Lyaud, Chevenoz, s'arrête au bord du lac Léman près de Meillerie, pour reparaître au-delà et se continuer dans les Alpes Bernoises, celles de la Bavière, etc.

Les zones formées par ces deux lignes sont :

1° *La zone cristalline* ainsi nommée parce qu'elle est formée de roches cristallines telles que protogine, granulite, gneiss, schistes cristallins, etc. — Située au S. E. du département, elle comprend le Mont-Blanc et les cîmes qui l'avoisinent y compris le Brèvent et les Aiguilles rouges. — Cette zone est caractérisée par la pauvreté relative de sa flore, la rareté du hêtre, sa végétation spontanée, surtout silicicole et peu riche en plantes de la famille des légumineuses. — Ses produits agricoles sont principalement les bois, les prairies, les paturages et le bétail, les cultures y occupent peu de place et se réduisent à quelques champs de pommes de terre, de seigle et d'avoine.

2° *La zone calcaire*, au N. O. de la précédente, traverse la Haute-Savoie du S. O. au N. E. Elle est ainsi nommée parce qu'elle est constituée par des roches calcaires appartenant aux divers étages des terrains jurassique et crétacé, par des calcaires nummulitiques, des flisch, des macigno, etc. — Elle comprend dans la Savoie le massif des Beauges et dans la Haute-Savoie, le Semnoz, le Parmelan, les vallées de Thônes et du Reposoir, le Môle, la chaine des Aravis, le Mont-Joly, partie du Buet, les vallées de Sixt, de Taninges, de Boëge, du Biot de Saint-Jean-d'Aulp, d'Abondance, etc. Au Nord du lac Léman cette zone se continue en Suisse où elle comprend les montagnes de Vaud, de Gruyère, de Fribourg, du Simmenthal pour se poursuivre dans la direction des lacs de Thoun, des quatre Cantons et dans le canton de Schwitz. Plus loin encore elle va former les montagnes de la Bavière, de l'Allgau, etc. Elle est caractérisée par la rareté du melèze, ses magnifiques forêts de hêtre et d'épicéa, par une flore riche et variée, éminemment calcicole, par la richesse de ses paturages où abondent les légumineuses. C'est à la prédominance de ces dernières et à la richesse en phosphates de ces terrains calcaires qu'est due sans aucun doute la qualité du nombreux et beau bétail qu'on rencontre sur cette zone. Les races estimées d'Abondance, de Fribourg, du Simmenthal, de Schwitz, de l'Allgau ont eu leur berceau sur cette zone privilégée.

3° *La zone tertiaire* au N. O. de la précédente, forme un vaste triangle compris entre Cusy, Bellegarde et Meillerie. Elle est occupée en grande partie par des terrains tertiaires et quaternaires tels que les molasses d'eau douce et marines et par le diluvium. Dans cette zone surgit la petite chaine du Salève formée par les étages néocomien et valangien du terrain crétacé et qui appartient à la zone calcaire. La zone tertiaire se distingue de la précédente par la fréquence du châtaigner, une flore moins variée, silicicole et moins riche en légumineuse. Sur les molasses l'imperméabilité du sous-sol occasionne dans le bas des coteaux de fréquentes infiltrations, nécessitant de nombreux drainages. — Ses produits sont surtout les céréales et les fourrages..

C'est en 1863 que, dans une mémoire publié en collaboration avec M. Songeon (1) nous avons établi ces zones. Nous ne songions à cette époque qu'à une classification géographique de la flore de nos Alpes, bien loin de soupçonner que, plus tard, nous arriverions à constater ses relations avec le règne animal

Nous venons de passer en revue l'influence exercée sur les plantes et les animaux par la nature du sol, celle du climat est peut-être plus importante encore. Les circonstances qui influent sur le climat d'un pays sont nombreuses. Ne pouvant ici les passer toutes en revue, je me bornerai à la principale qui est la température. La température d'un lieu est modifiée surtout par sa latitude et son altitude Sur un espace aussi limité que celui occupé par la

(1) Perrier et Songeon : Aperçu sur la distribution des espèces végétales dans les Alpes de la Savoie (Bulletin de la Société botanique de France 1863.)

Haute-Savoie sur la carte d'Europe, l'influence de la latitude est absolument négligeable. Je n'aurai donc à m'occuper que de l'altitude.

La température moyenne d'un lieu décroît rapidement avec son élévation au-dessus du niveau de la mer ; mais cet abaissement est modifié par une foule de causes accidentelles telles que l'exposition, les phénomènes météorologiques, l'état de boisement, la nature du sol, le voisinage des eaux, des neiges et des glaciers, de sorte qu'il n'est pas possible d'apprécier d'une façon tant soit peu précise l'action de l'altitude sur la température d'après les seules indications barométriques. Aussi est-il plus commode et plus exact quand il s'agit d'observations d'histoire naturelle ou d'agriculture de se baser sur les indications fournies par les limites de l'aire altitudinaire d'habitation des plantes soit cultivées soit spontanées.

Partant de ce principe j'établirai cinq régions altitudinaires, région de la vigne, des cultures, des forêts, des pâturages des neiges et glaciers.

1° *Région de la vigne.* Elle a sa limite inférieure dans le département au confluent du Fier (250m) Sa limite supérieure s'élève d'autant plus que les vallées sont plus étroites. C'est ainsi que sur la rive Chablaisienne du Léman et dans la vallée de l'Arve à Passy, la vigne ne remonte pas au-dessus de 600m, tandis que, dans certaines vallées resserrées de la Savoie telles qu'à Orelle, elle est cultivée jusqu'à près de 1100^m.

2° *Régions des cultures.* Confondue avec celle de la vigne dans sa limite inférieure, cette région s'élève jusqu'à la limite inférieure des forêts de sapins et, dans les bonnes expositions, on l'observe encore quelquefois jusqu'à celle des pâturages, même des glaciers comme on peut le voir à Chamonix Ce sont là de rares témoins de la lutte de l'homme contre l'âpreté du climat. Sauf ces exceptions, c'est entre 1000 et 1200 mètres qu'on doit en fixer la limite supérieure. — Les cultures propres à cette région sont les céréales, la pomme de terre, la betterave, le chanvre, le tabac, le colza et les prairies tant naturelles qu'artificielles.

3° *Régions de forêts.* A partir de 800 à 1200 mètres un magnifique rideau de forêts couvre la partie moyenne des montagnes. Le hêtre, puis plus haut, l'épicéa et le sapin confondent leur sombre verdure avec celle plus claire du mélèze et forment le fond de la végétation arborescente qui a sa limite supérieure à environ 1800 mètres. Plus haut, on ne rencontre d'autre végétaux ligneux que quelques buissons d'aulne vert, de genévriers des Alpes et de rhododendrons, ou quelques rares pieds de bouleau ou de pin cembro écrasés par la neige et tordus par les vents.

4° *Région des pâturages.* Au-dessus de la région des forêts, à un niveau de 1500 à 1600 mètres se trouvent d'immenses pâturages fréquentés pendant l'été par les troupeaux. On voit alors ces vastes solitudes alpestres, désert glacé pendant l'hiver, revêtir sous les chaudes haleines de juin, une vie et une animation que je ne saurai mieux dépeindre qu'en reproduisant la séduisante peinture qu'en fait M. Heuzé (1) « C'est pendant l'été que les grandes ri-« chesse florales, présentent dans les mon-« tagnes le plus riant tableau. A cette épo-« que de l'année, la température pendant « le jour est délicieuse. Les plantes des prai-« ries et des pâturages forment des pelouses « ornées de fleurs très élégantes. C'est à la « chaleur lumineuse et à l'azur du ciel que « les régions alpines doivent leur parure « verdoyante, parfumée et diaprée par les « plus riches coloris. »

Dès le milieu de juin, les troupeaux s'acheminent allégrement vers ces pâturages. C'est là qu'au sein de l'abondance ils respirent un air pur et frais qui leur fera bien vite oublier les longs jours de l'étable. Rien ne contribue à la santé et à la vigueur du bétail comme ce séjour dans les alpages.

5° *Région nivale et glaciaire.* Vers 2800 à 3000 mètres commence la région nivale et glaciaire. Ici les pâturages sont remplacés par de vastes flaques de neige. Entre les cimes neigeuses descendent d'immenses glaciers au bas desquels s'amoncellent d'énormes moraines. Tout au plus trouvet-on sur les pentes les mieux exposées quelques maigres gazons fr quentés par les chamois. Seul, le sifflement de l'aigle et le

(1) Heuzé : Les pâturages, les prairies naturelles et les herbages. p. 104.

fracas du glacier qui s'écroule troublent le silence de ces solitudes.

On voit par là combien est variable le climat de la Haute-Savoie, ce qui n'a rien d'étonnant si l'on observe l'énorme différence de niveau entre le point le plus bas du département, le confluent du Fier et du Rhône (250 mètres) et le sommet du Mont-Blanc 4810, soit une différence de de 4,560 mètres. Tandis que la température moyenne de Genève, à 407 mètres, est de 9°, 70, celle des hautes sommités des Alpes correspondrait d'après Schlagintweit, à celle du 70me degré de latitude Nord, soit celle de la Laponie.

Ces quelques notions préliminaires étaient nécessaires pour mieux faire comprendre les conditions dans lesquelles se meut l'agriculture dans le département de la Haute-Savoie.

Les documents sur l'état de l'agriculture de ce département, vers la fin du 18me siècle, sont rares. On ne dressait pas alors, comme aujourd'hui des statistiques décennales. Les quelques renseignements qu'on trouve à ce sujet sont des plus incomplets. Ces matériaux d'ailleurs concernent le département du Léman dont la circonscription à cette époque n'était pas la même que celle du département de la Haute-Savoie, ce qui rend les données anciennes difficilement comparables avec celles actuelles. L'arrondissement d'Annecy qui, alors faisait partie du département du Mont-Blanc est le seul au sujet duquel on trouve des documents de quelque précision.

En 1774 parut le remarquable ouvrage du marquis Costa de Beauregard (1). Ce travail extrêmement remarquable, pour l'époque où il a été écrit, fut fort goûté dans le monde agricole. S'il ne contient que très peu de renseignements statistiques, on y trouve du moins une peinture très exacte de la pratique agricole du pays avec l'indication des réformes à y apporter. C'est là surtout qu'apparaît la perspicacité de l'auteur qui semble pressentir les progrès réalisés plus tard. Partout, dans ses conseils, on voit poindre le germe des améliorations apportées par les générations qui lui ont succédé.

A l'époque où il écrivait, la Savoie venait de se réveiller de la longue léthargie où l'avait plongée le régime de la féodalité. Ses souverains l'avaient dotée dans la paix de cette ère d'affranchissement que sa voisine la France ne devait acheter bientôt qu'au prix des plus violentes convulsions. Mais ces libertés étaient encore trop récentes pour que le serf de la glèbe ait eu le temps de mettre à profit la nouvelle situation qui lui était faite. Aussi l'agriculture en Savoie était, on peut le dire, dans l'enfance. Esquissons rapidement le tableau qu'en fait Costa.

Les labours étaient superficiels, on ne faisait que gratter le sol. On peut se faire une idée de ce qu'était ce genre de travail par celui qui s'exécute encore de

(1) Essais sur l'amélioration de l'agriculture en pays de montagne et en particulier dans la Savoie. 1774.

nos jours dans certaines parties reculées de nos Alpes, où les méthodes perfectionnées n'ont pas encore pénétré. Qu'on se figure deux mulets atteles à une longue perche de sapin à l'autre extrémité de laquelle est adapté un long coin en bois armé d'une pointe de fer décorée du nom de soc Les bêtes marchent allègrement, car se soc pénètre à peine de 12 centimètres dans le sol ; mais en revanche tout la famille du cultivateur sue et peine à la suite de l'attelage pour briser les mottes et enterrer les gazons et le fumier restés à découvert.

Dans les pays de plaine fonctionnaient des charrues soit disant améliorées, Un peu moins primitives que celles des montagnes, elles étaient néanmoins si mal construites qu'il fallait huit bœufs pour les actionner Aussi Costa de s'écrier : « Q'on s'approche « d'une de nos charrues en action, qu'on « la considère. Quelle barbarie on y trou- « vera ! On verra une énorme bavure de terre « remonter sur le terrain non encore labouré. « On verra deux oreilles, dont aucune partie « aucun ouvrage n'est réglé par le bon sens, « opérer mal en tout, l'une est en même temps « de toute inutilité et nuisible, l'autre ne fait « qu'une partie de son devoir et le fait mal. »

A ces instruments informes ont aujourd'hui succédé des charrues améliorées telles que la charrue tourne-oreille et les charrues brabants doubles, bisocs et polysocs pour les terrains en plaine. Il existe encore néanmoins un grand nombre de charrues dites courantes. de construction défectueuse qui, avec un grande consommation de force font peu et de mauvais travail. Quant aux charrues en bois on ne les rencontre plus que dans les parties les plus reculées du département.

Si les labours étaient mal faits, les assolements ne laissaient pas moins à désirer. Les deux seuls suivis à cette époque n'étaient pas plus rationnels que les instruments de labour. « La maladie principale de notre « époque, dit Costa, c'est la mauvaise séquence de labours, de semailles, de récoltes, de jachères ».

L'assolement biennal, pratiqué dans une partie du Chablais, du Genevois et des baillages, consistait pour la 1re année en une jachère fumée comportant 3-4 labours, non compris celui de l'ensemencement. La 2me année le sol portait du froment.

L'autre assolement était triennal et quelfois quadriennal. Il consistait à faire succéder sur la sole fumée autant de récoltes consécutives de céréales que la fumure pouvait en produire.

Par suite de la rareté des prairies, le fumier faisait toujours défaut. La première année de la rotation on le portait sur la sole au fur et à mesure de sa production. On commençait au printemps à fumer les légumes tels que fèves, pois, haricots ; puis venait le tour du millet, ensuite celui du sarrasin Ces récoltes enlevées, on semait le froment pour la 2e année. La troisième année venait un seigle suivi d'un sarrasin en récolte dérobée et enfin la quatrième année on semait un mélange de menu grains dit *mèle*. Ai-je besoin de vous faire remarquer combien vicieux était cet assolement ?

Dans ce système de culture, tout était sacrifié à la production des céréales. Le propriétaire voulait être payé en grains, il fallait en produire à tout prix. On arrivait ainsi rapidement à épuiser le sol et à l'infester de mauvaises plantes, à tel point, nous dit Costa, « *qu'on regardait comme de bons fonds* « *ceux qui, pour chaque sac de semature, ren-* « *daient trois sacs. L'un pour ressemer, le* « *second pour le laboureur, et le troisième* « *pour le propriétaire* » Supposons que la quantité de semences à l'hectare ait été de 2 hectolitres et demi, le rendement des bonnes terres aurait été de 7 hectolitres 50 à l'hectare. Cette appréciation de Costa, bien que peut-être un peu pessimiste, n'en donne pas moins idée de l'état déplorable de la culture à cette époque. Cette chétive moisson se faisait à la faucille « *C'est une* « *chose ridicule,* dit l'auteur, *de voir des* « *hommes forts et robustes manier, comme* « *des enfants, ce misérable instrument qui a* « *l'air d'un jouet.* »

Aujourd'hui les assolements biennal et triennal sont relégués dans les hautes vallées de nos alpes. Partout ailleurs l'assolement quadriennal alterne s'est substitué à l'ancienne routine. Les conséquences de cette heureuse modification sont : 1° l'élévation de la production du blé. La statistique de 1882 porte le produit moyen à 15 hectolitres 25 à l'hectare, soit une augmentation de 105 p. 0/0.

2° Une réduction considérable de la superficie des terres labourables au profit de la prairie. D'après le cadastre de 1738, la superficie des terres labourables de la Haute-Savoie était de 298,750 hectares. En 1882 elle n'est plus que de 132,216 hectares soit en diminution de 55,74 p. 0/0

Ajoutons que l'emploi de la faucille est remplacé par la faulx et celui du fléau par la machine à battre.

Toutes les meilleurs terres étaient affectées à la production des céréales, les moindres étaient réservées aux plantes fourragères. Les prés, ne recevant jamais d'engrais, étaient peu fertiles. Les irrigations sans soins et sans intelligence développaient les herbes nuisibles.

Les prairies artificielles commençaient à peine à être connues. Charles Calloud fait remonter à 1771 l'introduction de l'esparcette aux environs de Rumilly. Le trèfle ne faisait pas partie des assolements et la luzerne, bien que plus anciennement connue, était encore peu répandue à la fin du siècle dernier.

A l'époque actuelle la Haute-Savoie, d'après la dernière statistique décennale, possède plus de 118,000 hectares consacrés à la production fourragère dont 31,332 hectares en prairies artificielles diverses.

A part la fève et le haricot, les cultures sarclées étaient à peu près inconnues. La seule racine cultivée était la pomme de terre qui ne prit une réelle extension qu'après la famine de 1817. La betterave et le colza qui venaient seulement d'être introduits, n'occupaient encore que des surfaces insignifiantes. L'avènement des plantes sarclées a marqué une étape de progrès dans la culture. Ces plantes occupent aujourd'hui 3,400 hectares dont 2,140 en pommes de terre.

Le manque de données anciennes et les récents fléaux qui ont atteint la vigne ne permettent pas d'établir des comparaisons entre la production de cette culture à la fin du siècle dernier et le produit actuel. On sait seulement que les seules vignes bien soignées se trouvaient sur les rives du lac Léman et quelques-unes aux environs du lac d'Annecy. Partout ailleurs la vigne, en plantation confuse, mal fumée, mal cultivée, produisait peu. Les terres n'étaient jamais remontées. Chaque propriétaire inférieur recevait celle de son voisin supérieur et le propriétaire du sommet piochait à même dans la montagne. Les sommets ainsi dénudés étaient une menace permanente de ravinements pour les vignobles inférieurs.

Rien ne saurait donner une idée de la triste situation des fermiers et métayers des temps anciens. Le propriétaire peu soucieux du bien-être de ses tenanciers, n'avait qu'un but : Augmenter le chiffre du fermage sans s'inquiéter si cette élévation de prix correspondait à un accroissement proportionnel de la production, sans songer que le premier élément de prospérité d'une exploitation réside dans la santé, la vigueur et l'énergie de l'exploitant. Qu'attendre, en effet, d'un travailleur ignorant, voué à la misère et sans capital d'exploitation. Un propriétaire intelligent doit considérer le bien être de son fermier comme la portion la plus importante de son capital.

Est-ce parce que les propriétaires l'ont compris, ou parce que l'aisance générale s'est accrue ? Mais il est certain que depuis lors la condition des travailleurs du sol s'est singulièrement améliorée.

L'usage de la viande, du vin, du café et du pain de froment, qu'on ne trouvait que chez quelques propriétaires aisés, tend à se répandre de plus en plus. Le paysan mieux nourri, mieux vêtu, mieux logé peut s'adonner à son travail avec plus de force et d'énergie. En même temps il sait que s'il travaille pour son propriétaire, il aura lui aussi une part légitime dans le fruit de ses labeurs, ce qui contribue à relever son courage.

Le mauvais état des chemins constituait une entrave sérieuse au développement de l'agriculture et du commerce. A part deux ou trois grandes routes, la pluspart des communes étaient en dehors de la circulation. Les chemins ruraux transformés en fondrières ou en ruisseaux et devenus impraticables étaient une cause incessante de fatigue pour les animaux, d'usure pour le matériel et d'accidents pour les laboureurs. Depuis l'annexion de 1860 les voies de communication, si nécessaires à l'essort agricole d'un pays ont été la principale préoccupation des pouvoirs qui se sont succédé. On peut dire que, sous ce rapport, il reste peu à faire dans vos belles vallées.

Les plus montueuses sont reliées par d'excellentes routes et il est bien peu de communes qui aujourd'hui se trouvent en dehors d'une commode viabilité. Sans compter les chemins de fer, ceux de grande communication et les chemins vicinaux, la Haute-Savoie possède aujourd'hui cinq routes nationales et quinze routes départementales présentant un développement total de près de 700 kilomètres.

La population a suivi le mouvement ascensionnel général. De 220,858 habitants qu'elle était en 1780 pour les anciennes provinces qui forment aujourd'hui le département de la Haute-Savoie, elle est actuellement de 268,267, ce qui équivaut à un accroissement de 21,47 p. 0/0.

Nous venons de voir combien la culture fourragère était négligée à la fin du XVIIIme siècle. Le bétail par suite de l'insuffisance des fourrages était peu nombreux, chétif, mal nourri. Souvent à la fin de l'hiver, on en était réduit pour le maintenir vivant à démolir les toits pour lui en donner le chaume, « *aliment empesté*, dit Costa, qu'il ne mange que poussé par une faim excessive.

Sans parler des améliorations acquises dans la taille et la qualité des animaux domestiques dans toutes les races, leur nombre s'est accru dans une proportion considérable Cet accroissement de population animale a été :

Pour les animaux de race bovine de [107.32 p 0/0]

Pour les ovidés ariétins, de 38,60 p 0/0

Pour les ovidés caprins, de 493,42 p. 0/0.

Pour les suidés, de . . . 95,98 p. 0/0.

L'augmentation moyenne sur l'ensemble des animaux de ferme est de 158 p. 0/0. Ce développement extrêmement remarquable de l'élevage est le résultat des modifications apportées aux anciens assolements, au perfectionnement de la culture, ainsi qu'au prix du bétail et de ses produits, qui ont été sans cesse croissants

Il ne m'a pas été possible de me procurer des données sur la population chevaline. Il est probable que par suite de l'amélioration et de l'extension du réseau des voies de communication, le nombre de ces animaux aura plutôt diminué qu'augmenté. Nous n'en sommes plus, grâce à Dieu, au temps où nos grands pères voyageaient à bidet et où il fallait une semaine pour se rendre de Thonon à Annecy.

Conséquence nécessaire de l'accroissement du bétail, l'industrie fromagère, elle aussi, devait faire un grand pas. C'est ici le cas de rendre justice au généreux efforts de mon dévoué collège M. Rigaux, qui s'est voué au développement de cette source de richesse dans son département. C'est à son initiative, si bien secondée par l'administration départementale, qui n'a reculé devant aucun sacrifice, que sont dues ces écoles de fromagerie et ces nombreuses fruitières qu'on rencontre à chaque pas dans vos belles montagnes. Bientôt, grâce à ces efforts et à la qualité incontestée de vos herbages, les produits fromagers de la Haute-Savoie pourront rivaliser avantageusement avec ceux de la Suisse et des pays les plus réputés. La valeur totale de la production beurrière et fromagère du département s'élève actuellement à près de 7,400,000 francs. L'écart existant aujourd'hui entre les prix de vos produits et ceux du département du Doubs est de 20 centimes sur les beurres et de 12 centimes sur les fromages. Le jour où, par une meilleure fabrication, vous aurez atteint les mêmes prix, vous aurez réalisé un bénéfice d'un demi-million.

Que dire de l'apiculture sinon qu'ici l'élan est vraiment merveilleux.

Partout s'élèvent des ruchers modèles, conduits avec intelligence et au niveau des derniers perfectionnements. Les vieilles ruches simples, comme l'étouffage, ont fait leur temps. Les méthodes mobilistes se propagent et bientôt seront les seules adoptées. On comptait en 1890 près de 20,000 ruches dans le département et, du train dont vont les choses, il n'ira pas longtemps avant que ce nombre soit doublé. L'étendue des prairies, une flore mellifère d'une richesse et d'une variété infinies, des altitudes variées prolongeant les floraisons successives, la vieille réputation des miels de Chamonix, tout se donne la main pour faire de vos montagnes un milieu des mieux appropriés à la production du miel et à lui ouvrir un débouché assuré. Mais si la nature a beaucoup fait, il est juste aussi de rendre hommage aux hommes généreux qui, par leurs paroles et leurs exemples se sont voués à la propagation de cette industrie. Citer les noms de M. Froissard, ce vulgarisateur infatigable, de MM. Morel-Frédel Collet, David et Guillet et de tant d'autres, praticiens émérites, c'est les signaler à la reconnaissance publique pour les services qu'ils ont rendus.

Il y aurait encore bien des choses à vous dire sur l'arboriculture fruitière si prospère en Haute-Savoie, sur la culture du tabac, sur les industries dérivant de l'agriculture, sur les hommes qui se sont dévoués par leurs écrits et leurs travaux agricoles, mais je crains d'abuser de votre patience et je passe immédiatement à l'enseignement agricole qui est à mon avis la base de tout progrès en agriculture. Tant que nos paysans ne seront pas instruits, ils se tiendront en garde contre toute méthode nouvelle, le crédit agricole lui-même, ce puissant levier de toute amélioration sérieuse ne serait entre leurs mains qu'une arme dangereuse. Tochon (1) nous apprend que de 1792 à 1815 rien n'a été fait pour l'instruction en général et moins encore pour l'instruction agricole. Sur 635 communes de la Savoie, 504 étaient sans école, celles qui en possédaient les devaient pour la plupart à la générosité de quelques donateurs.

Il en a été à peu près de même des gouvernements qui se sont succédé jusqu'en 1870. L'Institut agronomique fondé en 1850 avait été supprimé par l'empire en 1852.

Ce n'est qu'à partir de 1870 que l'atten-

(1) *Tochon* : Histoire de l'Agriculture en Savoie page 77.

tion de nos législateurs s'est tournée vers l'enseignement de l'agriculture. J'en prends à témoin la création de l'école d'horticulture de Versailles, celle des écoles pratiques d'agriculture. Le rétablissement de l'Institut agronomique, l'institution des professeurs départementaux, l'obligation de l'enseignement agricole dans les écoles primaires, la création des champs d'expériences et de démonstration, celle des stations agronomiques, etc., qui démontrent amplement la sollicitude du gouvernement pour l'instruction agricole.

Je viens, Messieurs, d'esquisser rapidement sous vos yeux les progrès accomplis en agriculture depuis la fin du siècle dernier. Les résultats acquis sont considérables ; mais est-ce à dire qu'il ne reste plus rien à faire ? Loin de moi cette pensée. L'agriculture est essentiellement mobiliste. Pour elle, l'immobilité c'est la mort, car tandis que nous dormons, nos voisins progressent. Qu'il me soit permis de signaler très brièvement à votre attention quelques améliorations que je voudrais voir réalisées pour votre plus grande prospérité.

Votre pays est essentiellement favorable à la production fourragère et à celle du bétail qui en est le consommateur nécessaire. C'est donc de ce côté que doit se porter toute votre attention. Etendez la surface de vos pâturages par le défrichement de ces broussailles, de ces bruyères qui couvrent encore de grands espaces sur les plateaux de vos montagnes. Là aussi sont des pâturages spongieux, des tourbières qui ne donnent que peu et de mauvais herbages et qu'un drainage, souvent peu coûteux suffirait à transformer avantageusement. Améliorez vos prairies par des irrigations bien conduites et des fumures plus fréquentes. Semez moins de céréales, cantonnez-les sur les parcelles les plus fertiles, cultivez-les mieux, vous obtiendrez ainsi autant de produit sur des surfaces moindres et il vous restera plus de terrain à consacrer à la prairie.

Un fait m'a frappé en parcourant la région montueuse du département, c'est l'abondance extrême des mauvaises herbes dans les moissons. Cela tient évidemment à la répétition trop fréquente des céréales sur le même sol et surtout au peu d'extension des plantes sarclées dans les montagnes. A la pomme de terre, que vous cultivez déjà, ajoutez la betterave, le rutabaga et le navet, toutes plantes rustiques qui supportent bien le climat alpin et fourniront au bétail pendant vos longs hivers un supplément d'alimentation sain, rafraîchissant et lactifère Ces cultures serviront en même temps à débarrasser vos terres des plantes parasites qui les infestent.

Apportez plus de soin à la sélection de vos reproducteurs, ménagez moins le lait à vos jeunes élèves. Ne tenez pas plus de bétail que ne comportent vos ressources fourragères et soyez toujours en mesure de le nourrir largement.

Pardonnez ces quelques conseils à un ancien praticien Ils sont dictés par l'ardent désir de voir votre riche pays plus florissant encore.

CONFERENCE

SUR

LE CIDRE ET LE POIRÉ

PAR

M. MULLER

Rédacteur de la Revue Cidre et Poiré,
à Argentan (Orne)

Messieurs

C'est pour moi un honneur et une satisfaction dont je veux tout d'abord remercier M. le Commissaire général Menault à qui je les dois, de pouvoir causer avec vous du pommier, de la pomme et du cidre.

QUALITÉS BIENFAISANTES DU CIDRE

Je vais peut-être vous étonner, Messieurs, quand je vous dirai que c'est un champenois, — et un champenois qui a eu l'occasion de goûter au bon vin, — qui vient vous parler du cidre.

C'est que le cidre a des qualités spéciales et nombreuses. C'est la boisson hygiénique par excellence. Tonique, digestive, désaltérante, elle a sur le vin cet avantage qu'elle n'est pas échauffante, et ses propriétés bienfaisantes sont par ailleurs les mêmes.

Un docteur de Caen qui était un savant, M. Denis Dumont, a le premier employé avec succès le cidre dans le traitement de plusieurs maladies, et notamment dans celle de la pierre. Depuis, nos célébrités médicales, qui proscrivaient le cidre comme boisson habituelle, à cause de son acidité, se sont rangées à l'avis de leur confrère de Caen. On doit au docteur Denis Dumont une série d'études qui n'ont pas peu contribué à développer sa consommation ; car il y a vingt ans à peine, on ne le connaissait pas en dehors de la Normandie et de la Bretagne. Mais depuis, quel changement ! Partout on boit du cidre.

Quand j'aurai dit que la Compagnie de l'Ouest seule, a transporté, en 1890, durant les trois mois de la récolte, 25,000 wagons de pommes, destinées à tous les coins de la France, on comprendra dans quelles proportions sa consommation s'est étendue. De plus, on commence l'exportation de cette boisson.

Si nous en croyons nos auteurs latins, son usage remonterait à la plus haute antiquité. Quant à son origine, elle est l'objet de discussions, de revendications incessantes. Tour à tour, les Espagnols de la Biscaye, les Normands et les Bretons se l'attribuent. Ce qui, pour moi, ne fait pas de doute, c'est qu'elle est belle et bien française et je n'en veux pour preuve que ceci : nulle part le cidre n'est meilleur qu'en France. Les crus normands et certains crus bretons sont depuis longtemps appréciés,

M. Siméon Luce, membre de l'Institut a raconté, dans la revue *le Cidre et le Poiré*, qu'en 1532 le roi François Ier voulut déguster un cru renommé de Normandie, l'épicé de Morsalines, et il ajoute que « le roi donna aussitôt l'ordre de faire mettre en barils et porter à sa suite autant du cidre de Morsalines que l'on pourrait s'en procurer.

TERRAINS PROPICES

Eh bien ! messieurs, c'est la culture du pommier à cidre qui produit cette boisson qui a eu la gloire de charmer le palais de l'un des plus fins connaisseurs en fait de plaisirs qui aient régné en notre pays que je voudrais voir se développer en Savoie. Si votre beau pays offre d'admirables expositions aimées de la vigne, il convient mieux encore à la culture des arbres fruitiers. Le pommier à cidre y serait d'un grand rapport et vous rendrait d'immenses services, d'autant qu'il n'est pas exigeant comme terre, puisqu'il n'y a que les terrains très arides dans lesquels il ne vienne pas.

Le sol le plus favorable à sa prospérité est celui où l'*argile*, le *sable*, le *calcaire*, se trouvent en proportions à peu près égales. Il convient d'éviter les terrains humides qui donnent des fruits pauvres en sucre et par conséquent des cidres sans goût ; mais ces terrains sont favorables au poirier.

CHOIX DE VARIÉTÉS CONVENABLES SOUS TOUS RAPPORTS

Pour faire un cidre excellent, il est indispensable d'employer des pommes de valeur, très saines et en possession de leur complète maturité de garde. Or, la valeur d'un fruit dépend de la somme d'éléments utiles qu'il renferme, et parmi lesquels figurent au premier rang : les sucres, le tannin et le parfum. Il convient de réserver les matières pectiques dont le rôle n'est pas complètement défini. Quant à l'acidité, elle devient nuisible quand elle dépasse 2 grammes par litre. Voici, au reste, un classement établi par un maître en pomologie, M. Truelle, pharmacien-chimiste à Trouville-sur-Mer, que ses savantes études, depuis 1877, lui ont permis de déterminer.

ÉLÉMENTS UTILES

Sucre total, dans la plus forte proportion.

Tanin total, dans la plus forte proportion.

Parfum total, dans la plus forte proportion.

Conservation des fruits aussi près que possible de l'état sain.

ÉLÉMENTS INDIFFÉRENTS

Matières pectiques jusqu'à 12 grammes.

Acidité (jusqu'à 2 grammes exprimés en acide sulfurique monohydraté).

ÉLÉMENTS NUISIBLES

Matières pectiques au-delà de 12 grammes.

Acidité au-delà de 2 grammes.

Conservation des fruits laissant à désirer, meurtrissures ou pourriture.

Un cidre préparé avec des fruits répondant à la formule ci-dessus doit être excellent si les phases de la fermentation alcoolique se déroulent normalement.

Voici, messieurs, les noms de variétés que les études de M. Truelle lui ont appris à connaître comme devant fournir un cidre de conserve et de transport. Leur jus doit avoir une haute densité, être riche en sucre total, en tannin, assez mucilagineux et peu acide. Il faut que le jus pèse au minimun 1080 au densimètre, titre 180 grammes de sucre total, 5 grammes de tannin, 10 à 12 grammes de matières pectiques et 1 gramme 50 d'acidité.

La liste suivante est empruntée en grande partie aux variétés de la Seine-Inférieure. Je la range par ordre alphabétique.

Amère de Berthecourt (3e saison), fruit amer, jus de coloration variable, souvent foncée, parfumé, droit en goût

Barbarie (3e saison), fruit doux avec pointe d'amertume, jus coloré, parfumé, droit en goût.

Bédan-des-Parts (3e saison), fruit doux et amer à la fois, jus généralement très coloré et parfumé, droit en goût.

Fréquin-Audièvre (3e saison), fruit plus amer que doux, jus très coloré, parfumé, droit en goût

Long-Bois (2e saison, début de 3e), fruit doux, pointe d'amertume, jus très coloré, parfumé, droit en goût.

Constant-Lesueur (3e saison), fruit amer, jus assez coloré et parfumé.

De Bautteville (3e saison), fruit doux, jus remarquable par sa coloration et son parfum.

Bramtat (3e saison), fruit doux, pointe d'amertume, jus coloré et parfumé, droit en goût.

Godard (2e saison, début de 3e) fruit doux, jus très coloré et parfumé, droit en goût.

Hauchecorne, (3e saison), fruit doux, jus très coloré et parfumé, droit en goût.

Julien-le-Paulmier (3e saison), fruit amer, jus très coloré et parfumé, droit en goût.

Médaille d'Or (2e saison), très amer, jus de coloration moyenne, parfumé, droit en goût.

Michelin (3e saison), fruit doux, jus très coloré, parfumé, droit en goût.

Rouge Avenel (3e saison), fruit doux, pointe d'amertume, jus très coloré, parfumé, droit en goût.

Rouge-Bruyère vrai (2e saison), fruit amer-doux, jus très coloré, parfumé, droit en goût.

Saint-Laurent (2e saison), fruit doux, pointe d'amertume, jus très coloré, parfumé, droit en goût.

Secrétaire Pinel (2e saison), fruit amer, jus de coloration moyenne, parfumé, droit en goût.

Vagnon-Legrand (1e saison, début de 2e) fruit doux-amer, jus très coloré, parfumé, droit en goût.

Vice-président-Héron (2e saison), fruit doux, jus de coloration moyenne, très parfumé, droit en goût.

On peut ajouter les espèces suivantes qui occupent cependant un rang inférieur, si on les compare à celles ci-dessus.

Argile grise (2e ou 3e saison), fruit doux-amer, jus de coloration moyenne, parfumé, droit en goût.

Argile nouvelle (3e ou début), fruit doux, jus plus coloré, parfumé, droit en goût.

Binet blanc et gris (fin 2e, début de 3e)-fruit doux, jus de coloration moyenne, parfumé, droit en goût.

Citron (2e saison), fruit doux, pointe d'amertume, jus de coloration moyenne, parfumé, droit en goût.

Girard (1e saison), fruit très amer, jus très coloré, parfumé, droit en goût.

Blanc-Mollet (1e saison), fruit doux-amer, jus de coloration moyenne, parfumé, droit en goût.

Grise-Dieppois (3e saison), fruit doux, jus de corolation moyenne, parfumé, droit en goût.

Jaunet-Pointu (2e saison), fruit doux, jus de bonne coloration, parfumé, droit en goût.

Moulin-à-Vent (3e saison), fruit doux, pointe d'amertume, jus de bonne coloration, parfumé, droit en goût.

Petit Muscadet (2e saison), fruit doux, pointe d'amertume, jus de bonne coloration, parfumé, droit en goût.

Toutes ces variétés sont fertiles. Les suivantes, tout en étant très bonnes, ne possèdent pas cette dernière qualité.

Gros-Matois (2e saison), fruit doux, amer, acidulé, jus de bonne coloration, très parfumé, droit en goût.

Marin-Onfroy (3e saison), fruit doux, jus très coloré, parfumé, droit en goût.

Peau de Vache (3e saison), fruit doux, jus très coloré, parfumé, droit en goût.

Cette dernière est exquise au point de vue du parfum, malheureusement l'arbre est peu productif et sujet à toutes sortes de maladies, c'est ce qui a fait abandonner sa culture ; cette variété est devenue rare.

J'ai tenu à donner cette liste tout entière, parce qu'elle ne se compose que de variétés d'élite, analysées par M. Truelle, et vous comprendrez, messieurs, que je l'ai fait dans le but d'être utile ; c'est un renseignement qui nous est bien souvent demandé. Mais je tiens à ajouter que celles qui conviendraient le mieux à votre climat, celles que vous devez choisir de préférence, sont celles de 2e saison, qui fleurissent fin mai et mûrissent fin octobre Vous savez que les variétés de première saison sont à maturité en septembre-octobre; celles de deuxième fin octobre-novembre; et celles de troisième en novembre-décembre. Je signalerai en passant ce fait acquis aujourd'hui, que les espèces de deuxième saison sont préférables à toutes les autres pour la préparation du cidre mousseux.

Chacune des espèces ci-dessus peut faire seule un très bon cidre, et leur mélange jouit, cela va de soi, de la même propriété. L'important en dehors de l'époque de maturité, qu'il faut absolument respecter et sur laquelle je reviendrai tout à l'heure, c'est de ne pas assortir que des espèces très riches en tanin, car alors on obtiendrait un liquide où l'amertume l'emporterait sur la saveur caractéristique du cidre et le rendrait imbuvable pour la majorité des palais bien qu'il possédât à un haut degré des propriétés hygiéniques.

Comme exemple de variétés à assortir, on peut citer suivant les saisons.

Mélange de 1re saison

Blanc Mollet, doux-amer 2/10, Doux à l'Aignel, doux-amer 2/10, Doux-Evêque, doux 2/10, Girard, amer 1/10, Vagnon-Legrand, doux-amer, 1/10, Reine des Hâtives, amer-doux, 2/10.

Mélange de 2e saison

Argile nouvelle, doux 2/10, Fréquin rouge, amer 2/10, Godard, doux 1/10, Rouge-Bruyère, amer-doux 2/10, Médaille-d'Or, amer 2/10, Saint-Laurent, doux 1/10.

Mélange de 3e saison

Amère de Berthecourt, amer 2/10, Bédan des Parts, doux-amer 1/10, Binet (blanc ou gris), doux 2/10, Bramtot, doux 1/10, Julien le Paulmier, amer 2/10, Vice-Président Héron, doux-amer 2/10.

Mélange de 3e saison

Constant-Lesueur, amer 2/10, de Boutteville, doux 2/10, Fréquin-Audièvre, amer 2/10, Hauchecorne, doux 2/10, Michelin, doux 1/10, Peau de Vache ancienne, doux-amer 1/10.

Vous remarquerez, sans doute, messieurs,

que dans les variétés qui composent ces mélanges, quelques-unes ne font pas partie de la liste donnée plus haut par M. Truelle.

Il convenait de ne pas attendre, pour vous indiquer quelques mélanges reconnus excellents, que les variétés préconisées aient donné des fruits; de plus il importait d'indiquer de bonnes variétés répandues un peu partout et faciles à se procurer.

PLANTATION.

La question de la plantation de l'arbre est capitale. Elle l'est tellement, qu'un mauvais arbre peut devenir bon parce qu'il aura été bien planté, et qu'un sujet de choix deviendra mauvais si la plantation a été mal faite. Le sol doit être bien préparé; l'arbre garanti contre toute atteinte brutale, surtout pendant sa jeunesse, il doit être nettoyé et soigné; la moindre éraflure pourrait occasionner sa mort.

Les meilleures expositions pour le pommier sont le Sud-Est et le Sud. — L'Ouest lui est funeste à cause des grands vents qui, au printemps, déchirent les fleurs, et à l'automne font tomber les fruits avant leur maturité. — Le Nord est également mauvais, parce qu'au printemps les fleurs, placées sous l'influence des vents froids, peuvent avoir leurs organes de reproduction altérés et la fécondation alors est empêchée. Ces deux dernières expositions conviennent mieux aux poiriers. D'une façon générale le pommier est peu exigeant quant à la nature du terrain, mais il ne réussit pas dans un sol n'ayant qu'un élément argile, calcaire ou sable, il lui faut le mélange en proportion quelconque de ces éléments. -- Les sols exclusivement argileux donnent un cidre de mauvaise qualité, sujet au moisissement ; les sols calcaires un cidre ayant mauvais goût et très altérable ; les sols sablonneux, un cidre clair, et acide ; d'ailleurs le cidre varie comme goût, suivant les terrains.

La plantation du pommier, avons-nous dit, est très importante. Nous décrirons les trois méthodes principales les plus employées.

Tout d'abord il faut bien choisir son arbre, le prendre autant que possible dans un terrain analogue à celui où il sera planté et greffé, la greffe dans la pépinière vaut toujours mieux, car souvent si l'arbre ne reprend pas bien, la greffe languit. Il faut un arbre vigoureux, ayant une tige de 4 à 5 centimètres de diamètre à 1 mètre au-dessus du sol et 2 mètres de hauteur, une tête vigoureuse et bien régulière, des racines bien constituées et sans maladies. Les arbres doivent être plantés à l'automne ou au printemps, de préférence l'automne ; cependant si on a à faire à un sol humide, la plantation au printemps est préférable, car en plantant à l'automne l'arbre serait tout l'hiver dans un sol humide.

PLANTATION

1re méthode. — Le trou où doit être planté l'arbre doit être beaucoup plus grand que le diamètre formé par son système radiculaire, de façon que les racines trouvent de la terre bien meuble pour se développer ;

les trous devant recevoir les arbres seront creusés 2 ou 3 mois avant la plantation, pour que les agents atmosphériques pénètrent et rendent assimilables les éléments nutritifs ; le trou creusé dans les terrains pauvres devra être plus grand que ceux des terrains riches. — On extrait la terre et on la dispose en trois tas ; on fait un 1er tas du gazon et de la partie supérieure du sol, puis un 2me avec la couche de terre végétale moyenne et enfin un 3me avec la terre du sous-sol. Les engrais et amendements sont mélangés à la terre du 1er et du 2me tas, les curures de fossés, les composts de mares de fermes sont excellents. — Avant de planter on habille l'arbre, ce qui consiste à retrancher l'extrémité des grosses racines pour faire développer le chevelu, puis à enlever les parties chancreuses. De même pour la tige, on enlève l'extrémité des rameaux composant la tête. Pour planter, on commence par jeter les gazons et la terre du 1er tas au fond du trou, puis une partie de la 2e couche avec les engrais si on en met; on pose ensuite l'arbre en étalant bien ses racines et on recouvre les racines avec le reste du tas numéro 2 en soulevant de temps en temps de bas en haut et très légèrement l'arbre; pendant cette opération, on achève de combler avec la terre du sous-sol.

2e méthode. — Une 2e méthode consiste à mettre au fond du trou des fascines de bois ou d'ajoncs de façon à produire une sorte de vide entre le fond du trou et les racines ceci a pour avantage d'éviter une trop grande sécheresse des racines. Grâce à la capillarité, il y a toujours là une certaine humidité et les racines y trouvent la fraîcheur. Ce mode très employé en Bretagne est très recommandable surtout dans les terrains très secs.

3° *méthode*. — Une 3ᵉ méthode qui a beaucoup été préconisée par le frère Henry, arboriculteur à Rennes, consiste à planter l'arbre sur le sol. On enlève seulement les gazons de 0, 05 à 0,06 centimètres à l'endroit où l'on veut planter, puis on pose l'arbre en étalant les racines qu'on recouvre de terre végétale en entourant le pied jusqu'à ce que l'arbre tienne bien, les racines se développent à la surface et on obtient d'excellents résultats avec cette méthode dans les terrains humides surtout. C'est même une excellente manière d'utiliser pour la plantation des sols marécageux qui ne pourraient l'être sans cela. Disons enfin que suivant les dispositions du terrain et sa valeur ; suivant la culture qu'on y fait, on doit planter en bordure ou en plein dans les terrains médiocres, il y a grand bénéfice à planter en plein, c'est-à-dire sur toute la surface. La disposition en ligne ou quinconce est la meilleure. Après la plantation il sera bien de déposer sur le sol, au pied des arbres, en couches de 0,10 centimètres d'épaisseur, des litières, des débris végétaux pour maintenir une humidité favorable aux racines. Souvent même on fait une couche de broussailles et par dessus une couche de pierres.

GREFFAGE

On sait que la greffage consiste à implanter un greffon sur un autre végétal ou sujet qui sert de support et le nourrit comme le pied mère. Cette opération avance la mise à fruit des arbres, propage les bonnes variétés et améliore la qualité des fruits. Pour bien réussir une greffe, il faut que les parties en contact (liber et cambium) soient le plus grandes possible. Greffer entre elles des variétés entrant en végétation à la même époque ; que la vigueur de la greffe et du sujet soit sensiblement la même, enfin les entailles faites doivent être nettes et exemptes de toute détérioration des tissus. Les greffons doivent être choisis parmi les rameaux de la dernière végétation et sur des arbres sains, jeunes et vigoureux ; les rameaux doivent être exempts de chancres, de pucerons et bien mûrs, bien aoûtés, le greffon doit être prêt à entrer en sève au moment du greffage, cependant il vaut mieux qu'elle soit un peu en retard par rapport au sujet. Les sujets bien repris et bien développés qu'on veut greffer sont rabattus et leurs ramifications enlevées. Quant à la hauteur à laquelle il faut greffer, on suit généralement cette règle : Quand les greffons appartiennent à des variétés vigoureuses, on greffe le sujet le plus près possible du sol, quand le greffon est d'une variété peu vigoureuse on greffe au sommet.

On emploie comme greffe, celle à écusson, à œil dormant, ou les greffes par rameaux en fente ou en couronne ; quand on greffe en pied la sève est toujours préférable, celle par rameaux est meilleure pour la greffe en tête après l'hiver. Quant à la pratique de la greffe, je ne m'y attarderai point, vous la connaissez mieux que moi.

FORMATION DE LA TÊTE DE L'ARBRE

L'arbre au moment de sa mise en place a une tête formée par un certain nombre de rameaux qu'on a rabattus; la 1° année, on ne fait pas d'autre opération ; la 2°, quand l'arbre est bien repris, on taille les rameaux, bien disposés en couronne autour de l'arbre, de façon à leur conserver à l'extrémité deux yeux latéraux bien constitués, on supprime les autres rameaux, on continue à tailler ainsi l'extrémité de chaque ramification pendant deux ou trois ans en veillant que l'un de ces rameaux ne s'allonge pas trop et en maintenant l'équilibre dans les branches, la tête de l'arbre est ainsi constituée formant un cône renversé ou une sorte de gobelet, on laisse ensuite les rameaux s'allonger naturellement, il n'y a plus qu'à pratiquer l'élagage.

NETTOYAGE DES ARBRES

On devra procéder pendant l'hiver au nettoyage des arbres et cela de tout temps, mais surtout pendant les premières années qui suivent celle de leur plantation, en les grattant avec une brosse en fer spéciale, afin de débarrasser leurs écorces des mousses, lichens, gui, etc., etc., qui ne tardent pas à les envahir si l'on n'y prend garde.

Ces soins donnés dès le début de la plantation, produisent les meilleurs effets sur le sujet traité. Si, au contraire, on attend pour faire le nettoyage, l'écorce étant plus rebelle, il devient plus difficile, et il est moins consciencieusement fait.

On pourra employer également un badigeonnage, par exemple d'hydro-carbonate de cuivre.

Faire dissoudre 5 kilos de sulfate de cuivre dans 10 litres d'eau bouillante et 5 kilos de carbonate de soude dans également 10 litres d'eau. Mélanger les deux solutions et après décantation y ajouter un corps gras quelconque, pour donner de la consistance et badigeonner avec un pinceau.

Vous pouvez, messieurs, vous rendre compte vous-mêmes de l'importance que l'on doit attacher aux soins à donner à l'arbre fruitier, car il ne vous est pas difficile de voir, partout où vous passez, hélas ! que ceux desquels on ne s'est pas occupé, sont le refuge de tous les insectes, que la maladie les prend comme elle nous prend nous-mêmes lorsque nous négligeons de nous entourer des soins réclamés par l'hygiène la plus élémentaire.

Je vais, messieurs, vous citer un cas dont j'ai été témoin au cours d'un voyage que je fis dans les Côtes-du-Nord en 1890. Un propriétaire avait, sur mes conseils, fait nettoyer environ 700 pommiers qui, depuis quelques années ne lui donnaient presque pas de pommes. La récolte qui a suivi le nettoyage a été désastreuse, quelques pommes seulement par-ci par-là dans les arbres, très-beaux d'ailleurs.

Ce propriétaire, il est inutile de vous le

dire, a été, en 1890, la risée de tous ses voisins, et je dois ajouter qu'il n'était pas bien convaincu lui-même qu'il n'eût pas fait, comme il disait « une bêtise. » Mais, en 1891, les arbres étaient littéralement couverts de fruits ; les rieurs alors avaient changé de côté. Cette année, messieurs, il en est de même, notre propriétaire a une pleine récolte. Cet arrêt subit dans la végétation était facile à prévoir Les arbres avaient généralement plus de quarante ans. Jamais ils n'avaient été nettoyés. Le cas est concluant ; mais il y en a bien d'autres.

Enfin, quand on aura compris qu'un pommier de vingt ans est un capital de plus de cent francs, on comprendra aussi qu'il y faut veiller ; que c'est là un devoir, surtout quand on connaît les conséquences fatales de l'abandon.

LA RÉCOLTE DES FRUITS

J'aborde ici un point très important. Peut-être allez-vous dire, messieurs, « mais tous vos *points* sont importants ». Je répondrais oui ; mais j'ajouterai vivement que ce sont là simples questions d'habitude, et qu'il n'est pas plus difficile de bien faire quand on commence que de mal faire.

Comme je l'ai dit au début de cette causerie, il faut, pour avoir de bon cidre, récolter les fruits à maturité. Il est facile de comprendre qu'un fruit qui n'est pas mûr ne peut donner une bonne boisson. Voici, généralement, la raison pour laquelle on n'attache pas, en Normandie et en Bretagne, une grande importance dans la récolte à maturité. Dans un verger, il y a des arbres de 1re, de 2e et de 3e saison. Il est plus commode de faire la récolte d'un seul coup ; alors on choisit le moment où les fruits paraissent mûrs et alors, à grands coups de gaule, on les fait tomber. On met ensuite le tout sous les arbres en un ou plusieurs tas, les pommes de 1re saison avec celles de 3e et 2e peu importe, enfin, que les fruits soient mûrs ou pas, voilà le tas, y a-t-il preneur ? Et il y a toujours preneur, parce que partout, à de rares exceptions près, il est fait de même.

Il est cependant facile de comprendre qu'un fruit mûr en septembre-octobre ne peut aller au pressoir avec un fruit qui sera en maturité en novembre-décembre.

Je n'insiste pas. Le bon sens dicte la manière d'opérer.

Combien, d'ailleurs, voit-on de ces cidres dans les concours? Le sort qui leur est réservé est connu d'avance.

FRUIT A L'ABRI

Il faut condamner également d'abord le gaulage ; il est préférable de récolter en secouant l'arbre ; ensuite, une habitude qui consiste à laisser les fruits sans abri Les alternatives de sécheresse et d'humidité sont contraires à une bonne maturité Le plus souvent, on n'a pas de bâtiment pour loger la récolte ; on peut les mettre alors en petits tas sous des hangars improvisés au moyen de paillassons de cinq à six centimètres d'épaisseur. Deux de ces paillassons appuyés l'un contre l'autre, en forme de toit, sont un abri suffisant contre la pluie. Les tas devront avoir de 0 m. 50 à 0 m. 60 de hauteur ; s'ils étaient trop volumineux, la chaleur. au lieu de produire une réaction favorable dans les principes du fruit, produirait une altération complète, le blettissement qui enlève une partie du sucre et surtout du parfum, par suite de l'échauffement.

La gelée et la pluie détériorent les fruits ; on n'ignore pas que le parfum se trouve dans la peau ; or il est facile de comprendre que quelques averses suffisent pour l'enlever, il est si simple d'éviter la perte de la récolte en la mettant à l'abri.

BRASSAGE

J'ai dit plus haut qu'il ne fallait pas mélanger les variétés de 1°, 2e et 3e saison. Je ne saurais trop le répéter ici, car il importe de ne brasser que des fruits arrivés à maturité complète et de ne pas mélanger les fruits sains avec les fruits pourris, comme cela se fait malheureusement trop souvent et presque partout.

La maturation développe le principe sucré, qui se transforme ensuite en alcool. L'analyse chimique en dira plus sur ce sujet qu'une longue dissertation. Elle nous apprend que le fruit mûr à point renferme environ 12 0/0 de sucre ; il n'en contient que 8 s'il est bletti ; 5 s'il est vert, et seulement des traces s'il est pourri.

Il est donc essentiel de ne brasser que des pommes mûres à point, ce que l'on reconnaît à la teinte foncée des pépins, à de petites taches qui leur viennent sur la peau et à l'odeur éthérée qui s'en dégage.

CUVAGE

Lorsque les pommes sont broyées, on ne doit pas se hâter d'en extraire le jus. Il est utile de faire macérer les moûts dans les cuves ouvertes exposées à l'air pendant 12 et même 24 heures ; de temps à autres on retourne les moûts avec la pelle. Pendant cette opération, sous l'influence des agents extérieurs, une partie de la cellulose formant la chair de la pomme se transforme en glucose qui se dissout dans le jus et augmente, par conséquent, la proportion d'alcool. La matière colorante contenue dans la peau devient soluble sous l'influence des agents atmosphériques. On a un cidre plus coloré. Pendant la cuvaison le tanin se dissout dans le jus, le cidre aura plus de corps, et on évite ainsi quantité de maladies, notamment celles de *la graisse et le noircissement* qui proviennent toujours du manque de tanin.

En un mot, faites bien votre cidre, avec tous les soins désirables et vous éviterez les maladies.

PRESSURAGE

Je dirai deux mots seulement du pressurage, ne voulant pas entrer dans la description des divers systèmes de broyeurs et de pressoirs qui me mèneraient trop loin, je m'aperçois, messieurs, que je me suis déjà laissé entraîner au-delà de la courte causerie qui m'avait été demandée. Nos constructeurs ont perfectionné le pressoir, et vous n'avez que l'embarras du choix parmi les systèmes exposés dans un concours. Je vous recommanderai seulement de vous servir d'un bon instrument. Avec les nouveaux moulins broyants et pressoirs vous devez obtenir comme rendement 74 à 80 0/0 en poids de jus des fruits. Les anciens modèles ne donnaient que 35 à 40 0/0. C'est là une différence bien sensible en faveur des systèmes modernes.

MISE EN FUT. — SOUTIRAGE. — COLLAGE. — CAVE

Il est rare qu'en Normandie et en Bretagne on fasse du cidre de pur jus, du moins pour la consommation quotidienne. Il serait même difficile d'en trouver à acheter chez le récoltant. — Il est d'usage de couper le jus de la pomme d'une certaine quantité d'eau, qui varie selon les pays et les variétés qui y sont récoltées. Ainsi, dans la vallée d'Auge où les pommes sont très riches en alcool, il est coupé par moitié. Il serait, il me semble, préférable. si l'on tient à mettre de l'eau dans le cidre, ce qui ne me paraît pas absolument nécessaire, de ne le faire qu'après la vente. On éviterait tout au moins des droits d'octroi, de transport. On aurait un cidre se conservant mieux, meilleur, se vendant plus cher, qu'il serait toujours temps de couper.

On pourrait compter les cultivateurs qui soutirent et collent leurs cidres Il sont peu nombreux. On pense assez généralement, qu'il est préférable de laisser le cidre « sur sa lie » parce que le soutirage lui fait perdre de sa force. C'est une erreur qu'il importe de combattre chaque fois qu'elle est émise. Tout au contraire, le soutirage améliore le cidre et en hâte la clarification. je conseillerai deux ou même trois soutirages. Quant au collage, il est tout aussi utile, mais avec des matières astringentes ou tanniques, comme le cachou ou le tanin.

LE CIDRE

Qui est plus délicat que le vin, a besoin de plus de soins que le vin, c'est là ce que l'on ne saurait trop comprendre, et cependant on le traite presque partout comme une boisson inférieure qui ne mérite pas le temps qu'on lui consacre. Beaucoup de nos cultivateurs qui devraient y apporter tous leurs soins, ne s'en occupent plus après la fabrication, et dès qu'il est mis dans les tonneaux. On le place dans des celliers, souvent mal construits ou dans des caves humides où pourissent les tonneaux. Les fermentations ont besoin de s'opérer régulièrement et sans arrêt. Elles subissent les fluctuations de la température ; de là la mauvaise qualité du cidre ; ce qui n'arriverait pas si l'on avait soin de veiller à ce que la cave soit toujours à la température de 12 à 13 degrés centigrades.

LE MARC DE POMMES

Il me reste, messieurs, à vous parler de l'emploi utile du marc de pommes. Je ne vous conseillerai pas d'en tirer de l'eau-de-vie. J'en ai fait moi-même l'expérience à deux reprises différentes et elle n'a pas été concluante. On a plus d'avantage à l'employer comme nourriture pour le bétail, qui en est très friand. Il présenterait certains inconvénients s'il était employé seul ; mais mélangé avec d'autres aliments, le marc de pommes peut être excellent.

Voici par exemple un mode de ration.

2 parties de marc ; 2 parties de betteraves ; 1 partie de paille hachée.

Les marcs peuvent aussi se saler, puis être mélangés avec de la paille hachée, il est à recommander de faire tremper le marc dans l'eau quand on veut l'employer pour les cochons. On applique aussi au marc les procédés de conservation des fourrages. Salaison et ensilage, et dans les moments de pénurie de nourriture il peut rendre des services.

Les marcs additionnés de phosphates font d'excellents composts et conviennent bien dans la culture du pommier ; enfin dans certains pays pauvres on brûle le marc. J'ai terminé, Messieurs, ma causerie sur le cidre, et je tiens à vous remercier de votre bienveillante attention. Bien des points certainement resteront obscurs, je n'ai pu donner à mon sujet tout le développement qu'il comporte, mais je me trouverai très satisfait, si dans votre beau pays j'ai provoqué la plantation de quelques centaines de pommiers. Faites-vous planteurs de pommiers, les résultats vous paieront largement de vos peines, vous augmenterez votre richesse et vous doterez votre pays d'une excellente boisson. Si parfois la réussite n'était point immédiate, ne vous découragez pas. Ecrivez-moi, votre excellent professeur départemental d'agriculture, M. Rigaux, qui, lui aussi, est un dévoué pomologue que je veux remercier au nom de notre groupe, vous y aidera également de toutes ses forces ; quant à moi, je serai toujours heureux de vous fournir les renseignements nécessaires et de vous tenir au courant des travaux de nos savants pomologues Bretons et Normands. Ce sera toujours avec plaisir que je le ferai, en souvenir du charmant accueil que j'ai trouvé ici.

F. MULLER.

CONFERENCE

SUR

L'ANALYSE DES TERRES ET DES ENGRAIS

PAR

M. J. SALLAZ

Pharmacien, Directeur du Laboratoire municipal et départemental

---

Mesdames, Messieurs,

Il existe de ci et de là des contrées merveilleuses, qui, vierges de toute culture pendant des siècles, ont accumulé un excès de substances fertilisantes tel qu'elles fournissent et fourniront pendant longtemps, sans engrais et moyennant une culture légère, des récoltes bien supérieures à celles des terres les mieux fumées.

Malheureusement ces exceptions sont rares et presque tous les sols ne produisent de bonnes récoltes que grâce à une fumure savamment étudiée, qui leur restitue au fur et à mesure les principes dont ils se sont dépouillés. Avant et afin de pouvoir aborder la question des fumures et des engrais, il importe d'étudier la composition de la plante, de savoir dans quels milieux elle vit et où elle peut trouver les principes fertilisants indispensables à son existence.

DE QUOI SE COMPOSENT LES VÉGÉTAUX ?

Chauffez une plante en vase clos, il s'en dégagera de l'hydrogène carboné, de l'eau, de l'ammoniaque, etc., autrement dit du *carbone*, de l'*hydrogène*, de l'*oxygène*, *et* de l'*azote*. Brulez cette même plante à l'air libre, elle donnera comme résidus : des cendres dans lesquelles l'analyse chimique découvre des principes minéraux dont la présence est constante et toujours les mêmes, ce sont : l'acide phosphorique, la potasse, la chaux, la magnésie.

Ces corps : carbone, azote, hydrogène, oxygène, d'une part, acide phosphorique, potasse, chaux, magnésie, d'une autre, existent dans toutes les plantes, et toujours l'absence de l'une quelconque rend la végétation impossible. Dès lors, pour produire un plante, il faut lui fournir ces éléments dans les proportions qui lui sont nécessaires, si la nature ne s'en charge pas elle-même, c'est-à-dire si le sol n'en contient pas ou en contient trop peu.

Examinons maintenant les milieux dans lesquels vivent les végétaux et quels sont les éléments que chacun lui fournit. La plante communique avec le sol par ses racines et avec l'air par ses branches et ses feuilles. Dans le sol, elle puise les substances minérales : potasse, acide phosphorique, chaux, magnésie que l'on retrouve dans les cendres et aussi l'azote et l'hydrogène.

Dans l'air elle absorbera le carbone, l'oxygène et quelquefois un peu d'azote.

L'air est toujours suffisamment riche en tous ces éléments et le renouvellement des couches en contact avec les végétaux se fait assez vite sous l'influence des vents et des brises pour que l'on n'ait par à s'en occuper. Il reste donc les substances fournies par le sol. Les végétaux ont la propriété d'assimiler les matériaux sous la forme minérale très simple et de les transformer en composés organiques complexes, constituant la matière vivante. Ces éléments une fois ainsi transformés en corps organisés vivants, peuvent être absorbés par les animaux, qui ont donc la même composition que les plantes, puisqu'ils en retirent leur propre substance. Aussi nous y trouvons le carbone, l'hydrogène, l'azote, l'oxygène, l'acide phosphorique, la chaux, etc, sous un autre arrangement, il est vrai, et en d'autres proportions.

Les animaux dépendent donc des végétaux et en sont tributaires ; leur vie est solidaire l'une de l'autre, car nous le verrons, les animaux forment le troisième anneau de cette chaine, et s'ils prennent au monde organique les éléments de la formation de leurs tissus et de leurs fonctions vitales, ils ne les accumulent point et, par un échange sans fin, ils les rendent sous forme de déjections facilement transformables en substances simples De même à leur mort ils restituent leurs tissus qui, sous des influences chimiques et encore plus sous celle d'êtres microscopiques, retournent vite à l'état minéral. La plante peut alors s'en emparer de nouveau et le cycle recommence.

Si pendant leur vie et après leur mort, les êtres organisés restaient toujours sur le sol dont ils se sont nourris, ils restitueraient de cette façon *la totalité* des éléments qu'ils auraient soustraits à la terre et le cycle pourrait se continuer à l'infini, mais il n'en est pas ainsi, car l'agriculteur exporte une grande partie de ses produits, soit dans les villes, soit à l'étranger, sous forme de beurre, lait, œufs, fromages, viandes, grains, bois ou fourrages. C'est ainsi qu'il transporte au loin, des tonnes d'azote, d'acide phosphorique et de potasse. En conséquence, si l'on veut conserver au sol sa fertilité, il faut lui restituer les matériaux enlevés par les récoltes. Partout où cette restitution ne peut s'opérer en totalité, on est réduit à faire de la culture extensive, par le système semi-forestier et semi-pastoral. On fait de l'écobuage, des jachères, on épuise un sol pour en enrichir un autre. Il est facile de comprendre alors, que la récolte se trouve très limitée.

Dans les temps les plus anciens, on a senti le besoin de rendre à la terre ce qui venait de la terre. Caton disait *d'accorder tous les soins à grossir le tas de fumier* ; aujourd'hui encore, il est d'usage dans les campagnes d'estimer la fortune de l'agriculteur d'après *le tas de fumier qu'il a devant sa porte*. Si l'on a su que le fumier est une restitution indispensable à la terre, l'agriculture n'en est pas moins restée stationnaire ; et si nos ancêtres renaissaient aujourd'hui, ils seraient éblouis par les merveilles de la vapeur et de l'électricité, mais ils retrouveraient l'agriculture sans grande différence avec leurs temps.

Grâce aux découvertes de la chimie, cette fée merveilleuse de notre siècle, on sait quels sont les éléments qui s'en vont et qu'il faut remplacer dans le sol ; et chaque jour on trouve des moyens nouveaux pour s'en procurer. Aussi un élan irrésistible se fait-il vers l'agriculture intensive qu'empêchait l'ignorance des principes scientifiques et l'on verra bientôt ce que peut donner notre sol, lorsque le cultivateur sera plus éclairé et se conformera mieux aux règles que lui a tracées et lui tracera encore la science. Pour cela il faut avoir quelques connaissances fondamentales indispensables afin de comprendre les phénomènes d'utilisation des matières fertilisantes. Autrement on s'expose à des mécomptes dont les conséquences seraient précisément de rendre le cultivateur défiant à l'égard des perfectionnements dont le judicieux emploi conduit certainement à la fortune.

Nous avons dit précédemment que lorsque l'on brûle une plante, d'un côté on obtient des gaz qui retournent à l'atmosphère d'où ils proviennent presque en entier et d'autre part des cendres ou éléments terreux, qui doivent leur origine à la terre. Il y a donc dans les plantes deux matières : celle d'origine organique et celle d'origine minérale.

I. — MATIÈRES D'ORIGINE ORGANIQUE

La partie combustible de la plante contient du carbone, de l'hydrogène, de l'oxygène et de l'azote, qui, groupés diversement, forment la matière organique.

Le *Carbone* provient de trois sources différentes : de l'acide carbonique de l'air, de l'acide carbonique des carbonates solubles du sol et des composés carbonés de l'humus. La source qui en fournit le plus est certainement l'acide carbonique de l'air. Il en contient environ trois décilitres par mètre cube. Cet acide est absorbé par les feuilles, puis assimilé sous l'influence de la lumière solaire et de la chlorophylle ou matière verte des plantes. Celui que les racines puisent dans le sol n'est assimilé que dans les feuilles et par le même mécanisme. Vu sa source inépuisable, l'agriculteur n'a pas à se préoccuper d'en fournir à la plante.

L'*Hydrogène* a son origine dans l'eau et nous n'avons pas à craindre qu'il manque jamais, car la sourse est intarissable.

Il en est de même de l'*Oxygène* que l'eau et l'air atmosphérique peuvent fournir indéfiniment.

L'*Azote* au contraire est un des éléments les plus importants des plantes, sa présence permet la formation des composés protéiques et albuminuriques qui sont les plus nutritifs pour les animaux.

Ce sont ces composés quaternaires, qui constituent le gluten, la caséine, l'albumine végétale. Outre ces produits, l'azote concours aussi à la formation des alcaloïdes et des composés amidés, tels que la quinine, la digitaline, etc., dont la médecine tire un parti si important pour le soulagement et la guérison des maladies.

L'azote assimilé par les plantes se présente dans la nature sous quatre états ;

1° L'azote libre gazeux, 2° l'azote ammoniacal, 3° l'azote nitrique, 4° l'azote organique.

L'azote libre est très abondant dans l'air dont il constitue les soixante dix-neuf centièmes ; malheureusement, à l'inverse de l'oxygène et de l'acide carbonique, il n'est pas ou presque pas assimilable sous cette forme. Pour le rendre assimilable, il faut qu'il ait été transformé au préalable en azote ammoniacal ou en azote nitreux sous l'influence soit des microorganismes, soit des décharges électriques. Par exception les légumineuses absorbent directement l'azote de l'air, et, si Georges Ville a été le premier à le démontrer, deux savants Hellriegel et Wilfarth en ont expliqué la cause en découvrant sur les nodosités de ces plantes, des microorganismes ayant la faculté de transformer l'azote gazeux en azote assimilable. Des expériences faites par Berthelot et Deherain permettent de supposer que ces microorganismes ne sont pas spéciaux exclusivement aux légumineuses mais vivraient encore dans l'humus et y fixeraient ainsi l'azote atmosphérique. Cette découverte est de la plus haute importance, car, pour multiplier ces microorganismes bienfaisants, il faudrait semer beaucoup de légumineuses, afin de faire non seulement des engrais par sidération, mais encore rendre l'humus producteur d'engrais lui-même.

Nous avons dit que l'azote n'est absorbé par la plante qu'à l'état nitrique ou ammoniacal, quelle est la forme qui lui convient le mieux ? La science n'a pas encore résolu cette question d'une manière positive, cependant il est permis d'affirmer que les plantes à racines superficielles, absorbent bien l'azote sous ces deux formes, tandis qu'il est indispensable aux plantes à racines profondes d'avoir de l'azote nitrique qui seul est entraîné par les eaux et par l'humidité dans la profondeur du sol. L'azote ammoniacal étant très volatil n'existe qu'à la surface du sol. Il y a par conséquent nécessité absolue de bien défoncer la terre de temps en temps pour ramener à la surface du sol l'azote entraîné par l'humidité.

II. — ORIGINE DES MATIÈRES MINÉRALES

Certains principes minéraux que tous les végétaux laissent comme résidus à l'incinération, sont aussi indispensables à la vie des plantes. Autrefois on croyait qu'ils n'existaient dans les plantes que d'une façon accidentelle. Ce n'est qu'en faisant des cultures dans des milieux artificiels : du verre pilé ou du sable calciné, que l'on a pu se convaincre de l'utilité des principes minéraux.

On constate dans les végétaux la présence constante des éléments suivants :

Acide phosphorique ; acide sulfurique ; chlore ; potasse ; soude ; chaux ; magnésie ; fer et manganèse.

De toutes les substances minérales *l'acide phosphorique* est sans contredit la plus importante. On le trouve dans le sol à l'état de phosphate insoluble et n'est absorbé que grâce à l'acidité des racines. Il a une tendance à se concentrer dans les fruits et les graines. Ce sont les phosphates qui constituent la charpente osseuse des animaux, et, dans tous les pays où il manque, les plantes ont un aspect misérable, les hommes sont rabougris et rachitiques.

On trouve l'acide phosphorique dans quelques roches mais réparti en proportions très inégales. Heureusement certaines formations géologiques en contiennent des gisements importants et de plus les animaux en fournissent des quantités assez grandes, soit comme déjections, soit comme résidu après leur mort.

Toutes les plantes renferment du *soufre*, les crucifères et les légumineuses notamment en contiennent des quantités sensibles Dans le sol on le trouve généralement à l'état de sulfate de chaux et c'est au plâtre qu'on s'adresse lorsqu'il fait défaut,

Le *chlore* se trouve dans le sol spécialement à l'état de chlorure de sodium, et il y en a toujours assez.

La *silice* existe en telle quantité dans les sols qu'il est inutile de s'en occuper. Elle ne joue d'ailleurs qu'un rôle secondaire.

La *potasse* est abondante dans certaines roches, notamment les feldspaths, mais elle n'est absorbée qu'à condition que ces roches se décomposent. Dans certaines régions (Allemagne, Silésie) on la trouve à l'état de chlorure. Les cendres végétales en contiennent de fortes proportions ; on conçoit dès lors que les terrains s'en appauvrissent rapidement, si l'on n'a pas le soin de le lui restituer au fur et à mesure.

La *soude* se trouve dans tous les sols en grande quantité ; son rôle est secondaire et ne doit attirer l'attention que lorsqu'il y en a en excès.

La *chaux* existe dans tous les terrains généralement à l'état de carbonate et en assez fortes proportions. Dans cet état elle n'est pas toujours assimilable et, en raison de la quantité énorme nécessaire aux plantes, il faut se préoccuper d'en fournir au sol toutes les fois qu'elle fait défaut.

La *magnésie*, le *fer* et le *manganèse* ne manquent dans les sols qu'à de rares exceptions. De même qu'il enrichit le sang de l'homme, le fer contribue à la formation de la chorophylle des plantes.

L'*alumine* ne se rencontre qu'en quantité infime dans les plantes, les sols en fournissent un excès considérable.

Tous les éléments que nous venons d'étudier n'ont pas la même importance au point de vue cultural et nous pouvons les ranger comme suit :

Azote, acide phosphorique, potasse généralement peu abondants dans les sols.

Chaux, magnésie, acide sulfurique, qui existent ordinairement en quantités suffisantes.

Silice, chlore, alumine, fer, manganèse, soude dont les sols regorgent le plus souvent.

Les six premiers éléments dont le besoin peut se faire sentir dans les sols et qu'il faut absolument leur fournir sont appelés pour cela *substances fertilisantes* et les trois premiers, qui s'épuisent très-vite et qu'il est nécessaire de restituer à peu près à chaque récolte, portent spécialement le nom *d'engrais*. Ces éléments existent bien dans tous les sols mais en quantité variable, et presque toujours un ou plusieurs de ces éléments se trouve en quantité insuffisante même pour des récoltes moyennes. Le fumier de ferme et presque tous les engrais naturels doivent être considérés comme une restitution, plutôt que comme un apport nouveau. Encore cette restitution est-elle partielle puisqu'elle est diminuée de toutes les récoltes exportées directement ou indirectement. Donc il y a perte et l'agriculteur se servant exclusivement de cet engrais marche fatalement à sa ruine.

Aujourd'hui la chimie, après nous avoir montré les éléments constitutifs des plantes, nous indique aussi quelles sont les sources où l'on peut trouver sous une forme concentrée les principes que les engrais naturels ne contiennent qu'à l'état de dilution et il est absolument prouvé que ces substances concentrées tirées de l'industrie produisent un effet identique à celles préexistant dans le sol ou en dilution dans le fumier.

Ces engrais artificiels qu'on a nommé *Engrais chimiques* s'obtiennent aujourd'hui en si grande quantité soit de gisements naturels, soit comme résidus de fabrique, que leur prix n'excède point celui des meilleurs engrais naturels.

Pour que l'agriculteur puisse retirer tout le profit des engrais chimiques, il est indispensable qu'il connaisse non seulement la valeur des substances qu'il emploie, mais encore il doit savoir la composition exacte des terres auxquelles il veut les adapter. Là où l'agriculteur intelligent obtiendra de magnifiques récoltes, l'agriculteur inexpérimenté sacrifiera en pure perte son argent pour aboutir à des récoltes médiocres. Il ne faut donc pas s'étonner si à l'engouement primitif de nos cultivateurs pour les engrais chimiques a succédé une défiance, résultat de nombreux déboires.

Cet état de choses a différentes causes; en premier lieu la mauvaise qualité des engrais fournis par des spéculateurs sans honte, habiles à coudoyer le code, et vendant ferme des engrais sans titre, en mettant l'acheteur dans l'impossibilité de se faire rendre justice D'autre part l'ignorance de la composition des terrains faisait que l'on appliquait à certaines terres des engrais azotés là où il fallait de l'acide phosphorique, de la potasse où il fallait de l'azote, ou bien on y jetait à profusion ces trois éléments, alors qu'un seul suffisait pour enrichir le sol. L'agriculteur doit viser à obtenir le maximun de récolte avec le moins de frais possible et doit savoir manier les engrais chimiques comme de véritables instruments de précision dont les résultats dépendent de l'habileté de celui qui s'en sert. Pour cela, il lui faut le concours des laboratoires agricolés et des syndicats.

La fraude sur les engrais s'est faite d'une façon si effrénée que le gouvernement s'en est ému, et, toujours soucieux de protéger l'agriculture, qui seule est une source de richesse, il a édicté une loi sévère réglementant la vente des engrais. J'ai dit que l'agriculture est la seule source de richesse: en effet l'industrie et le commerce transforment les objets en leur donnant une plus value, mais toujours avec un déchet, tandis que l'agriculture seule crée et multiplie les plantes et les graines qu'on lui confie.

Ce qu'il faut savoir et que l'agriculteur doit bien retenir, c'est que la loi du 4 février 1888 sur le commerce des engrais est tellement sévère, que les fraudes deviennent bien rares aujourd'hui. En voici un extrait :

« Art. 1er. Seront punis d'un emprisonnement de 6 jours à un mois et d'une amende de 50 à 2,000 fr ou de l'une des peines seulement :

« Ceux qui en vendant ou mettant en vente des engrais ou amendements, auront trompé ou tenté de tromper l'acheteur soit sur leur nature, leur composition ou le dosage des éléments utiles qu'ils contiennent, soit sur leur provenance, soit par leur emploi pour les désigner ou les qualifier d'un nom qui, d'après l'usage, est donné à d'autres substances fertilisantes.

« En cas de récidive la peine est doublée. »

L'article 3me d'autre part dit : « Seront punis d'une amende de 11 à 15 fr. inclusivement ceux qui, au moment de la livraison, n'auront pas fait connaître à l'acheteur dans les conditions indiquées à l'article 4me la provenance naturelle ou industrielle de l'engrais ou de l'amendement vendu et sa teneur en principes fertilisants. »

Ainsi donc la loi punit non seulement le vendeur qui trompe, mais même celui qui tente de tromper. D'autre part, le client omettrait-il de demander le titre de son engrais, le vendeur sera puni s'il ne l'indique pas.

Cette loi, malheureusement trop peu connue, devrait être affichée en permanence dans toutes les mairies et chez tous ceux qui font le commerce des engrais. Elle serait encore sans effet si le gouvernement n'avait pas établi dans toute la France un certain nombre de stations agronomiques où ces contrôles peuvent être exécutés. Beaucoup de villes et de départements ont rivalisé de zèle pour fonder des laboratoires d'analyses et le département de la Haute-Savoie est toujours en avant quand il s'agit de progrès. Sur la proposition de la ville d'Annecy, qui a fait les premiers et les principaux frais, le conseil général a voté l'établissement d'un laboratoire où chacun peut faire contrôler ce qu'il achète. Ce laboratoire établi à grands frais dans deux salles de l'Hôtel-de-Ville fonctionne depuis un an et a déjà donné d'excellents résultats. C'est là que sont essayés non seulement les matières alimentaires, mais encore les engrais et les terres et en général les substances de toutes natures

Il ne suffit pas pour réprimer la fraude d'une loi très sévère, de même il ne suffit pas non plus pour aider à l'exécution de cette loi d'établir de tous côtés des laboratoires très bien agencés, mais il faut encore que le prix perçu pour le contrôle soit à la portée de toutes les bourses et ne grève pas ces engrais d'une plus value sensible et c'est là qu'apparait nettement l'utilité des Syndicats.

En effet, c'est en se groupant que les cultivateurs pourront acheter les engrais à un prix suffisamment bas et c'est en se groupant aussi qu'ils pourront faire faire un seul contrôle dont le prix réparti entre un grand nombre deviendra insignifiant. C'est encore en se groupant qu'ils pourront faire analyser leurs terres sans trop de frais, mais en se groupant autant que possible par communes et par villages, en un mot suivant la nature de leur terrain.

L'analyse des terres n'a d'utilité qu'autant qu'elle est faite d'abord avec précision et aussi avec unité. En effet, suivant la méthode employée par tel ou tel chimiste pour le dosage des substances fertilisantes, on arrivera à un resultat différent parce que chaque méthode n'est que d'une exactitude approximative et il est de la plus haute importance que l'on connaisse ce degré d'approximation. Cette unité de méthode demandée depuis longtemps par les chimistes ne pouvait échapper à la sollicitude du gouvernement, et, par un décret paru en 1891, à la suite du rapport d'un conseil pris parmi les chimistes les plus distingués des stations agronomiques, il publiait les méthodes officielles et obligatoires à suivre dans toutes les analyses de ce genre.

Ainsi donc, Messieurs les agriculteurs, je crois vous avoir suffisamment démontré l'utilité des engrais chimiques sagement maniés, je crois avoir suffisamment établi que sans eux, non seulement aucune culture intensive n'est possible, mais que les terres auxquelles on ne restitue point une quantité de substances fertilisantes égale à la perte, s'en vont lentement peut-être mais fatalement à la stérilité. C'est pour cela que des pays immenses, qui dans l'antiquité, alimentaient l'Europe de leurs produits ne sont aujourd'hui que des steppes arides. Et si vous voulez lutter contre les importations excessives et ruineuses, qui nous arrivent des pays d'une exhubérante fertilité, vous ne le pourrez que par l'emploi judicieux des engrais chimiques.

En terminant permettez-moi d'exprimer quelques désiderata relatifs, soit aux dosages des engrais, soit à l'analyse des terres. Une loi sévère réprime, il est vrai, les abus dans la vente des engrais, mais il existe encore une complication trop grande dans cette vente. Pourquoi n'imiterions-nous pas nos voisins d'Outre-Manche dans le titre de chacun ? Ainsi, si je ne me trompe, en Angleterre, lorsqu'on achète un phosphate, il ne porte pas de titre, il est sensé contenir toujours, sauf erreur de ma part, 12 d'acide phosphorique soluble. Pourquoi n'adopterions-nous pas le même système en fixant un nombre quelconque 10, 12 ou 15 0/0, mais toujours le même? Il y aurait simplification dans l'achat et simplification dans l'emploi Il en serait de même pour la potasse et l'azote. Il y aurait ainsi un cours unique, et de même que le blé est toujours du blé et ne varie de prix que suivant les années et sa qualité, de même l'acide phosphorique, la potasse et l'azote étant toujours au même taux, ne varieraient de prix que suivant l'année et la provenance.

De cette façon le cultivateur pourrait acheter les engrais simples et faire les mélanges lui-même sans avoir besoin de calculs. C'est par la simplicité que l'on arrive à la vulgarisation et la vulgarisation des engrais, c'est la richesse pour la France.

Un autre désidératum par lequel je terminerai, c'est que les sociétés d'agriculture qui donnent des primes dans les concours et reçoivent chaque année des subsides du gouvernement, emploient une partie de leurs fonds à faire analyser les terrains dans toutes les communes de leur ressort. Je sais bien que la dépense serait grande, mais elle produirait des fruits et l'on pourrait ainsi dresser une carte agronomique indiquant la composition des différents terrains du département, carte qui marcherait de pair avec la carte géologique. Les cultivateurs connaitraient ainsi la valeur et la nature des terrains qu'ils cultivent, et nous pourrions les aider de nos conseils, soit pour les plantations à faire, soit pour les amendements et les engrais à fournir à leurs sols ou encore pour modifications à apporter dans le mode de culture.

CONFÉRENCE

SUR

LA VITICULTURE AMÉRICAINE

PAR

M. J. DE REGARD DE VILLENEUVE

Messieurs,

L'agriculture, qui est l'industrie du sol, a des branches diverses. En parcourant votre beau concours on pourrait supposer que toutes sont dans une voie de prospérité et de progrès ; cependant, il y a chez vous une branche de l'agriculture en souffrance : c'est la viticulture.

La culture de la vigne, l'arbrisseau colonisateur par excellence, provoque, partout où elle est pratiquée avec soin, l'accroissement de la population, à laquelle elle donne l'aisance et le bien-être ; partout où elle est abandonnée, son absence devient une cause de gêne et amène l'émigration.

Il y a trente ans, lorsque l'éminent docteur Guyot vint visiter vos vignobles, il constata que votre sol était plus fertile encore que celui de la Savoie ; il fut émerveillé de l'abondance de vos récoltes de vin, qui atteignaient une moyenne de 50 hectolitres à l'hectare, la moyenne des plus riches départements viticoles du midi. Cette moyenne était souvent dépassée dans des sites privilégiés : elle était de 80 hectolitres à Veyrier, de 70 à Talloires. Devant de pareils résultats et les débouchés faciles qui s'ouvraient à vos produits vers le Nord, le docteur Guyot ne doutait pas que la culture de la vigne ne prît, chez vous, une plus grande extension. En effet, elle arriva promptement de 5 mille hectares à plus de 8 mille.

Une ère de prospérité trop courte, hélas ! se leva pour votre beau pays. Vous vous souvenez du temps où vos caves se remplissaient d'un vin agréable, qui égayait les repas de famille, vous procurait des ressources pour l'éducation de vos enfants et le large entretien de vos ménages ; du temps où l'épargne, cet oiseau rare, commençait à nicher sous votre toit ! Mais, aux bonnes saisons ont succédé une série de mauvaises, la crise agricole a surgi. Dans son rapport au concours régional de 1881, M. Genin se faisait l'écho des plaintes des cultivateurs. Dans le fond, quelques-uns gémissaient parce qu'ils avaient entrepris beaucoup de choses et même acheté de la terre, en comptant sur la vigne pour les aider, et la vigne avait trompé leurs espérances. On entendait alors, de toutes parts, les fermiers dire à leurs propriétaires, les débiteurs à leurs créanciers :

« Prenez patience, la vigne s'annonce bien. avec notre vin nous acquitterons notre dette cet automne. »

Messieurs, la vigne trahit toujours ceux qui escomptent ainsi ses produits, d'autant plus que souvent les indiscrets sont ceux qui lui demandent le plus et lui donnent le moins.

Ces réflexions, Messieurs, que je vous donne comme une préface au sujet que je vais avoir l'honneur d'effleurer devant vous, tendent à nous faire comprendre que nous devons entreprendre la reconstitution de nos vignes avec résolution, mais avec sagesse, prudence et sans aucune présomption. Que tous ceux qui veulent revoir les beaux jours d'antan se pénètrent des sentiments d'une culture rationnelle et loyale. Nos vignes sont mortes, mourantes ou menacées, frappées à la tête et au pied par des fléaux inconnus de nos pères : le peronospora ou mildew, infime champignon qui désorganise les feuilles, ces poumons flexibles et délicats de la vigne, le phylloxéra vastatrix, puceron criminel qui se nourrit de l'extrémité des racines, arrêtant ainsi leurs fonctions nutritives, et amenant la mort de la plante affamée. Heureusement que Dieu a donné des remèdes à tous les maux. En cherchant, on a trouvé le moyen d'empêcher les ravages du champignon comme du petit aphydien ; ces découvertes, la France en revendique l'honneur.

Mettons-nous maintenant à la place de celui qui a perdu ses chères vignes et demandons-nous ce qu'il y a à faire. Il semble que la première chose est d'améliorer ce sol, ce coteau épuisé par une culture séculaire et avare, lavé sans cesse par les eaux pluviales, qui ont emporté dans la plaine une part de ces meilleurs éléments. Tout édifice commence par la base: le sol est la base du nouveau vignoble à édifier. Donc si nos vignes phylloxérées et mildewsées ne paient plus les frais de culture, hâtons-nous de les arracher, ne laissons pas la ronce envahir le sol, on n'a jamais dit que ce fût une plante améliorante, empêchons la multiplication du chiendent et le grainage des mauvaises herbes. Le meilleur moyens que nous connaissons pour améliorer un terrain à peu de frais, est de le transformer en prairie temporaire. On dit alors que le sol se repose, c'est inexact ; mais, en réalité, il produit sans s'appauvrir sensiblement; il s'enrichit même en azote, qui est l'engrais par excellence des jeunes vignes. On attribue l'accumulation d'azote qui se produit dans le sol des prairies artificielles à des bacteries, des milliers d'êtres inférieurs, microscopiques, que les racines des légumineuses portent sur elles et qui ont cette propriété bienfaisante.

La fertilité des prairies artificielles s'entretient facilement, vous le savez, par l'apport de deux ou trois cents kilogrammes de phosphate potassique par journal.

Lorsque nous jugerons à propos de commencer les travaux préliminaires de la reconstitution, nous ferons bien d'enfouir, par un labour, une coupe de fourrage qui constitue un engrais vert excellent ; ce système de fumure est très à la mode ; ainsi, M. Pulliat nous apprenait récemment dans *La Vigne américaine*, qu'il enfouit chaque année, au mois de novembre, dans ses jeunes vignes, des vesces semées en juillet.

On peut certainement ne pas attendre plusieurs années et procéder de suite à la plantation de la vigne franco-américaine sur la vieille vigne défoncée ; mais cette manière de faire exige beaucoup d'argent, et quoi qu'en pensent les percepteurs, ce n'est pas ce qui abonde chez les propriétaires en ce moment. Du reste, Messieurs, la reconstitution d'un vignoble en coteau n'est pas une opération si assurée qu'un homme sérieux puisse vous dire : Hâtez-vous, dans quatre ans vous serez remboursé de vos dépenses, empruntez au besoin ! Non, Messieurs, je viens, au contraire, vous dire : commencez au plus tôt des plantations expérimentales sur les principaux porte-greffes, pour vous rendre compte des exigences et des aptitudes de votre sol ; mais, au début, marchez avec une sage lenteur et ne vous exposez pas à recommencer un travail aussi coûteux.

Nous avons aussi les plus grandes chances de réussir, si nous cherchons à devenir, dès maintenant, des viticulteurs sérieux, nous préparant par l'étude, par l'observation, à pouvoir diriger nos vignerons, à leur apprendre à greffer, à planter, à savoir distinguer, par l'aspect des racines, les variétés de vignes américaines dont la valeur peut être, pour nous, si inégale. Nous ne saurions trop engager tous ceux qui ont des loisirs, et surtout les jeunes gens, à s'abonner aux excellents journaux viticoles de la région, le *Progrès agricole*, *la Vigne américaine*, etc., où sont consignées tant d'expériences intéressantes et utiles à connaître. Quand on veut devenir viticulteur, on ne saurait se dispenser de lire attentivement les ouvrages de nos grands écrivains classiques de la viticulture, les Foex, les Pulliat, les Viala, les Ravaz, les Sahut, les Despetis, Mme veuve Ponsot, etc.

Préparons-nous pendant que l'épi du sainfoin couvre nos coteaux d'un tapis empourpré.

Voici venir, avec l'automne, le moment de procéder à un premier essai. Comment associerez-vous votre vigneron aux rudes travaux qui vont commencer ? L'arrangement qui me paraît le plus acceptable pour ce pauvre homme, qui a besoin de vivre en attendant les récoltes, est celui-ci : Le propriétaire s'engage à faire tous les frais de défoncement, transports, acquisitions de plants greffés, plantations, échalas, fumier, et ces deux derniers pour toujours ; de son côtés, le vigneron promet d'exécuter ses travaux par lui, les siens ou ses ouvriers, moyennant un prix convenu et modéré ; une fois la plantation faite, le vigneron est chargé des labours habituels et de tous les travaux ordinaires et indispensables. Jusqu'à la quatrième feuille, le produit minime est partagé par moitié, et à partir de la cinquième, le propriétaire a les deux tiers de la récolte et le vigneron le tiers.

J'ai réglé, il y a quelques jours, avec mon vigneron. Si cela peut vous intéresser, voici mon compte avec lui :

Payé à Gamen, de Chignin, dit *Dégourdi* :

Défoncement de 615 toises à 50 centimes.	307 50
Plantation de 3,980 ceps greffés à 05 centimes.	199 »
Transport à la vigne de 3 wagons de fumier.	60 »
Transport à la vigne d'un wagon d'échalas.	15 »
Poudre de mine.	4 »
Total	585 50

Cet argent, presque tout gagné par le vigneron et sa famille, l'aide à passer la saison et à attendre la prochaine vendange qui, s'il plaît à Dieu, lui donnera déjà quelques barils.

Toute plantation doit se faire dans un terrain bien défoncé ; tout défoncement doit être accompagné d'un drainage, surtout si le sous-sol est humide dans certaines parties, et d'une canalisation spéciale s'il est menacé de dégradation par les eaux supérieures. Les défoncements n'ont pas besoin de dépasser 50 centimètres de profondeur dans les terres légères et caillouteuses de beaucoup de nos coteaux ; dans les terres fortes, on doit aller plus bas, à moins que le sous-sol ne soit formé par un banc épais de marne bleue. Il y a des pays, comme dans le Montferra italien, où l'on défonce jusqu'à 1 m. 50 de profondeur pour planter de la vigne. Les meilleurs défoncements sont ceux faits à mains d'homme pendant les froids de l'hiver.

Le terrain défoncé, qu'allons-nous y mettre, quel cépage et sur quel porte-greffe ? Le choix du cépage ne me paraît pas douteux : là où nous récoltions des vins exquis de Roussette haute et de Roussette base ; là où la Mondeuse nous donnait régulièrement un produit bon et solide, rétablissons ces amies si éprouvées.

L'agrément, la solidité et les qualités hygiéniques de nos vins de Mondeuse ont été justement appréciés par Julien et par le docteur Guyot. Ce dernier cite, dans un de ses rapports, le nom d'un viticulteur distingué des bords de votre lac, homme aimé et respecté, qui était encore, à 85 ans, plein de force et de vigueur, et cela parce qu'il avait toujours bu largement à son ordinaire de l'excellent vin de Talloires. J'ai connu et vénéré un beau vieillard qui a grandement contribué par son exemple au mouvement de reconstitution dans notre *Combe* de Savoie. Nous eûmes, il y a cinq ans, quelques amis et moi, le plaisir de nous joindre à une excursion viticole dans le Midi, organisée par M. Sylvestre, le dévoué secrétaire de la société de viticulture de Lyon ; M. Sylvoz, malgré ses 78 ans, voulut être des nôtres, et ce fut une bonne fortune pour nous de posséder ce savant aimable, qui nous charmait en chemin de fer par sa conversation pleine de bonhommie et de finesse. Mais, après deux jours de courses assez pénibles aux environs de Montpellier, — nous étions en plein mois d'août, — notre vénérable compagnon nous donna quelques inquiétudes ; il nous abandonna un jour, malgré tout l'intérêt d'une visite que nous allions faire au célèbre vignoble de Guilhermin. Qu'avait-il donc? Ses forces s'étant affaiblies parce qu'il était privé, depuis quelques jours, du bon vin de Saint-Jeoire, auquel il était habitué ; quand il l'eut remplacé par du Bordeaux de bonne marque, il reprit vaillamment sa place au milieu de nous. Il y aurait bien d'autres cas de longévité à attribuer à l'usage du vin de Mondeuse, et je n'aurais pas de peine à vous prouver qu'une bonne cave chez nous dispense souvent d'une pharmacie.

Quoique la Mondeuse, greffée sur Riparia et Rupestris, mûrisse huit jours plus tôt qu'autrefois, il est certain que quelques-uns de vos vignobles sont trop froids pour elle ; vous aurez donc à lui préférer assez souvent les variétés de vignes appréciées depuis longtemps dans la Haute-Savoie, sous le nom de plants de Lyon, plants de Bordeaux, Cortaillod, Klewner, Salvagnin, qui sont des Gamay ou des Pineau.

Il y a quelques variétés à débourrement tardif et à maturité assez précoce dont vous pourriez tirer parti, avantageusement, ce sont le Portugais bleu, très vigoureux et très hâtif, l'œillade Bouschet du 1er aout, qui débourre le dernier de tous, le Castet et le Durif.

Dans vos prochaines plantations vous

n'emploierez sans doute que des vignes greffées. Les plants directs américains sont aujourd'hui jugés et condamnés. Malgré leurs noms sonores et pleins de promesses, leur résistance aux maladies cryptogamiques, leur vigueur, leur fertilité quelquefois, il est reconnu que leur résistance au pylloxéra est trop faible et que leur vin n'a jamais ce goût de *revenez-y*, ce goût franc, ce goût français que nous aimons. Le commerce ne voudra bientôt plus, et à aucun prix, de ces vins de directs. Le docteur Baretto, qui cultive au Brésil de nombreuses variétés de vignes pour la production des raisins de table, a dit des producteurs directs, dans une correspondance publiée par *La Vigne américaine* : « C'est de la canaille, il faut les jeter aux orties! » Moins violents, moins expéditifs dans nos procédés, contentons-nous de ne plus planter d'Othello, et tirons le meilleur parti de ceux que nous avons en les mélangeant, à la cuve, avec des raisins du pays.

Arrivons maintenant à l'importante question de l'adaptation. C'est un fait indiscutable, aujourd'hui, qu'un certain nombre de vignes américaines, ayant des racines qui défient les attaques du phylloxéra, sont appelées à soutenir, par la greffe, notre vieille vigne européenne, le *vitis vine fera*. Mais les vignes américaines sont, comme certains voyageurs, difficiles sur le logement ; elles viennent toutes dans les bonnes terres, profondes, saines, argilo-siliceuses, toutes sauvages qu'elles sont, elles ont des goûts de bien-être. Les vignes américaines craignent, par-dessus tout, les marnes compactes et les terres riches ou pauvres, noires ou blanches, qui sont saturés de carbonate de chaux. Dans ces terres, la vigne jaunit et meurt au bout de quelques années ; elle prend la chlorose qui ne provient, dit M. Ravaz, ni de l'humidité du sol, ni du manque de lumière, ni du climat, et qui n'apparaît jamais dans des terres dépourvues de carbonate de chaux, mais seulement dans celles qui contiennent de 35 à 75 0/0 de calcaire. Les eaux de pluie, les eaux d'infiltration rendent la chlorose plus intense, parce qu'elles ont la propriété de dissoudre les calcaires tendres et de mettre du bicarbonate de chaux à la disposition des racines. Nos coteaux naturellement bien drainés, retenant peu les eaux, quoique plus calcaires, portent moins souvent les vignes chlorosées que les terres riches et fraîches. En somme, voilà un fait consolant pour nous, c'est que le Riparia, le Rupestris, et à plus forte raison, le Solonis et le Jacquez résistent à la chlorose dans les sols rapides, renfermant 30, 40 et même 50 parties de calcaire peu assimilable. On trouve, en effet, dans nos vignobles de Chignin, de Montmélian, Arbin, etc, de nombreuses parcelles reconstituées où la végétation est satisfaisante. Les terres crayeuses sont très rares en Savoie, mais nous avons sans doute « beaucoup de ces prétendus sols calcaires où il n'y a point de calcaire du tout », selon la spirituelle expression de M. Bernard, l'inventeur de cet ingénieux instrument appelé le calcimètre.

Il est probable qu'avec les quatre porte-greffes principaux que nous venons de nommer, nous pourrons reconstituer la plupart de nos vignobles : le Riparia dans les terres franches, argilo-siliceuses ou silico-argileuses, dans les sols d'alluvion, même dans nos calcaires jurassiques ; le Rupestris dans les mêmes sols et surtout dans les terres du diluvium alpin des environs de Thonon et Evian, dans les coteaux maigres, secs, calcaires ou non ; c'est un porte-greffe qui paraît devoir surpasser le Riparia dans nos pays, et qu'il convient à tous d'essayer. Je connais des plantations de Mondeuse sur Rupestris, jeunes il est vrai, à Chignin, à Saint-Baldoph et ailleurs, qui sont merveilleuses de vigueur et de fertilité. Les hybrides de Rupestris, dont le prix commence à être abordable, vont plus loin que lui en terres calcaires ; ils dépasseront, sans doute, le Jacquez et le Solonis qui étaient jusqu'ici les plants *limites*, le Jacquez est encore, pour le moment, le plus recommandé pour les sols douteux : il s'accommode très bien, disent MM. Viala et Ravaz, des argiles bleues, des marnes bleuâtres et calcaires et, en général, de tous les terrains compactes où les Riparia et les Rupestris, quoique non chlorosés, ont peu de vigueur.

Pour en finir avec cette question d'adaptation, sur laquelle on a écrit des volumes et qui paralyse les bras de beaucoup de viticulteurs timorés, permettez-moi de vous citer quelques lignes d'un rapport de

M. Roy-Chevrier, sur le concours viticole de Châlon en 1890. Il s'agit des reconstitutions de M. Petiot, l'habile viticulteur bourguignon :

« L'obstacle le plus sérieux qu'il ren-
« contra (M. Petiot), au début de son gref-
« fage, ne fut ni le vigneronnage à moitié
« fruit, car il le supprima, ni la disette de
« greffeurs locaux, il en fit venir du Rhône,
« mais bien la nature même de son sol.

« Compris dans les marnes oxfordien-
« nes, sur des coteaux exposés au soleil
« levant, et habitués de longue date à pro-
« duire d'excellent Mercurey, ce sol con-
« tient, par endroits, un excès de carbonate
« de chaux, dont le peroxyde de fer et la
« silice qui l'accompagnent ne suffisent
« pas toujours à contrebalancer la fâcheuse
« influence. Des analyses multipliées lui
« révélèrent des différences sensibles dans
« la proportion de ces éléments sur des
« échantillons, prélevés dans la même par-
« celle. Bientôt la végétation des porte-
« greffes vint, dès leur deuxième feuille,
« confirmer pleinement ce que l'analyse
« avait révélé, et ce que, même avant l'a-
« nalyse, l'intuition de l'agriculteur avait
« entrevu. La coïncidence de l'échec du
« Viala avec l'excès de calcaire était frap-
« pante. Le Riparia souffrait un peu moins,
« seul le Solonis restait parfaitement vert.

« Dès lors, il divisa son terrain en trois
« zones; zone du Viala en bas du coteau, dans
« la silice ferrugineuse; zone du Riparia au
« milieu. dans l'argile siliceuse et calcaire
« et, enfin, zone du Solonis au sommet,

« dans la marne, c'est-à-dire l'argile cal-
« caire...... Les Viala de deux ans qui se
« rabougrissaient dans la zone du Riparia
« et crevaient dans celle du Solonis, furent
« arrachés et transplantés dans leur zone
« propre, aujourd'hui ils ont reverdi et
« poussent comme de jeunes greffes. »

C'est donc en faisant des plantations expérimentales, c'est en faisant parler le sol que nous acquerrons la connaissance des porte-greffes qui lui conviennent; nous aurons à procéder, quelquefois, comme M. Petiot, c'est-à-dire à diviser notre vignoble par zones pour attribuer à chacune le porte-greffe qui lui convient. Nous nous souviendrons aussi qu'une vigne malade n'est pas morte, et qu'il est d'une sage économie de la transplanter dans un terrain mieux adapté à ses besoins.

Messieurs, la reconstitution sera facile aux propriétaires instruits, qui ont des ressources ; elle est déjà commencée par quelques-uns d'entre eux, avec une initiative digne des plus grands éloges et un réel succès. N'oublions pas que nous donnons tous, dans les travaux que nous entreprenons, la mesure de notre intelligence et de notre jugement. La crise viticole a, du reste, le mérite d'avoir mis en relief les hommes de caractère et l'énergie de notre race.

Avez-vous parcouru les grandes plaines du Midi, avez-vous vu ces propriétaires de tout âge, au milieu de leurs vignobles, surveillant les labours, la taille, les sulfatages, s'arrêtant devant les vignes malades, fouillant leurs racines, tour-à-tour, pour elles, médecins ou chirurgiens ; les avez-vous vu bravant l'âpre mistral en hiver, le grand soleil en été, tannés, bronzés comme des turcos commandant leurs hommes, l'œil vif, la parole brève, comme des capitaines au feu commandant leurs soldats ? Ces hommes, Messieurs, qui ont ramené par leur énergie la fortune infidèle à leurs pieds, ont fait souvent mon admiration ; prenons-les comme exemple, et nous deviendrons, en même temps que de bons viticulteurs, de bons serviteurs du pays.

Mais il faut penser ici surtout aux petits propriétaires vignerons, qui, eux, ont peu de ressources, n'ont pas l'occasion de s'instruire et sont, pour la plupart, des pères de famille dont la situation est digne d'intérêt. Ils voient chaque jours leurs enfants émigrer vers les grandes villes, où ils espèrent trouver un pain moins amer ; les plus courageux traversent les mers pour chercher fortune. Il faut que les pouvoirs publics avisent à cette situation et que tous les sacrifices soient faits pour amener les petits vignerons-propriétaires à replanter leurs vignes et à procurer ainsi du travail à leur famille.

Songez, Messieurs, que s'ils n'ont pas de ressources, c'est qu'il y a 20 ans qu'ils paient le tribut sur des coteaux dont le produit net est zéro et moins que zéro. Qu'on leur rende l'impôt indument perçu et sur la vigne et sur le cellier et sur le peu de vin qu'ils ont récolté, alors ils auront de quoi acheter des plants greffés et des engrais. Cette question est très grave ; la population de votre département diminue d'une manière fâcheuse, la fortune publique est menacée. L'homme ne se passe pas facilement de vin, surtout le Savoyard ; c'est un aliment nécessaire et sain qui stimule l'énergie, qui rend l'homme fier et loyal ; si nous ne produisons pas celui que nous buvons, nous serons forcés de l'acheter aux dépens de notre épargne.

Il y a, près d'ici, un petit peuple qui nous a donné, pendant des siècles, de bons exemples en agriculture ; étudions comment il se prépare à replanter rapidement son important vignoble. Voici ce qui se passe à la station viticole du Ruth, que dirige avec tant de compétence et de dévouement M. de Candolle, et surtout à l'Ecole de viticulture d'Auvernier, dans cet intelligent pays de Neufchâtel. En 1890, les propriétaires Neufchâtelois se réunissent pour aviser ; ils concluent que les taches phylloxériques se multipliant, il faut prévoir, à bref délai, la reconstitution par le greffage. Une commission est nommée pour visiter nos vignobles de France : elle va partout, revient, fait son rapport ; la pépinière d'Auvernier est décidée et créée immédiatement. Dès le printemps de 1891, on fait venir un maître greffeur demandé à M. Pulliat, et l'école a si bien marché que ce printemps on a déjà pu distribuer 55,000 plants greffés. Ces plants n'ont pas été vendus, ils ont été donnés aux propriétaires qui en ont fait la demande et qui ont fourni les terrains défoncés et fumés ; mais l'école s'est réservée, avec le choix des porte-greffes, un droit de direction et d'inspection qui doit tourner au profit général et résoudre promptement dans ce pays le problème de l'adaptation.

Eh bien ! Messieurs, ne pensez-vous pas que, dans l'intérêt des petits propriétaires, votre pépinière départementale doive suivre l'exemple de la station d'Auvernier, qui imite aussi celle du Ruth. J'ai visité votre pépinière, j'y ai rencontré une belle collection des hybrides de Royer, de Wylie, de Ricketts, de Romanet, etc., etc. Au point où nous en sommes, mon opinion est que toute cette belle collection est à jeter aux orties, car elle occupe une place qui serait mieux employée à la production des greffes-boutures et à la plantation des pieds-mères de nos nouveaux porte-greffes. Que cet établissement public se mette à même de livrer à tous les petits propriétaires qui en feront la demande et s'engageront à les planter, dans les conditions exigées, des Mondeuses ou tous autres cépages greffés sur quatre ou cinq variétés bien authentiques de vignes résistantes, et on saura bientôt, dans tous les villages, le porte-greffe convenant le mieux à telle nature de sol. Les résultats obtenus entraîneront tous les vignerons à faire un suprême effort pour une œuvre qui leur paraîtra désormais assurée. La pépinière départementale n'a pas d'annexe en terre calcaire, elle en aura ainsi des centaines chez tous les petits propriétaires de bonne volonté. Sans doute, il faudrait, pour arri-

arriver à ce résultat, compléter son organisation, doubler ou tripler ses subventions ; mais aux grands maux les grands remèdes. Si on ne fait pas des sacrifices pour ranimer la viticulture, cette poule aux œufs d'or, pourquoi les fera-t-on jamais ?

Messieurs, je ne crois pas utile d'entrer ici dans les détails techniques du métier viticole, de vous parler du greffage, de l'établissement des pépinières, des plantations, du buttage, des fumures, etc. Je l'aurais fait volontiers si j'avais eu devant moi un auditoire de vignerons, mais je ne rencontre ici que des collègues et surtout des maîtres. Du reste, je n'ai pris la parole dans cette enceinte que pour faire preuve de bonne volonté, pour dire mon sentiment sur ce qu'il y aurait à faire, et surtout pour vous offrir, en qualité de compatriote, mes condoléances sur le mal accompli et mes vœux les plus ardents pour que la viticulture américaine rende bientôt à vos vignobles leur fertilité passée.

J. DE REGARD DE VILLENEUVE.

CONFÉRENCE

SUR

LES TERRAINS CALCAIRES

PAR

M. A. BERNARD

Directeur

de la station agronomique de Saône-et-Loire

Messieurs,

C'est un honneur inattendu pour moi d'avoir à vous exposer le résultat de mes recherches sur la mesure et le rôle du calcaire dans les terres arables. Je dois avant tout, en remercier profondément M. l'Inspecteur général, commissaire général de ce concours.

Des trois principaux constituants du sol, *silice, argile et calcaire*, le plus altérable, le plus facilement attaquable par les moindres influences, même par l'eau de la pluie, c'est, sans contredit, le *calcaire* ; et, comme tel, il doit jouer dans le sol un rôle prépondérant.

Or, s'il est le plus important, il n'est pas le plus facile à reconnaître, simplement *de visu*. A mon avis c'est même impossible !

Tandis que l'argile, par son onctuosité sous les doigts, par sa compacité, par sa ténacité, par la façon dont elle happe à la langue, par la façon dont elle retient l'eau, etc., se reconnaît à l'œil ou au doigt ;

Tandis que la silice par sa rugosité sous les doigts, par sa perméabilité, par ses grains brillants parfois, se reconnaît facilement à l'œil et au toucher ;

Le calcaire, lui, de son côté, ne se reconnaît ni à l'œil, ni au toucher ; mais simplement, et dans des conditions convenables, par l'emploi d'un acide fort, qui produit une effervescence. On connaît cette réaction, mais combien de fois ceux qui en parlent l'ont-ils essayée?

Tel sol silico-calcaire, avec 20 0/0 de calcaire, est jugé exclusivement siliceux sans calcaire ; tel autre, argilo-calcaire, à 20 0/0 de calcaire également, est jugé exclusivement argileux sans calcaire, et cependant, le p[r] 0/0 de calcaire est le même dans les deux cas: 20 0/0, qu'on ne soupçonnait pas plus dans la première que dans la seconde de ces terres.

Je pourrais citer une multitude de sols, à 0,1 0/0 de calcaire, appelés de temps immémorial *essentiellement calcaires*, par les hommes réputés les plus compétents ; et, par contre, à 100 pas plus loin, des sols à 60 0/0 de calcaire jugés sans calcaire, par l'unanimité des viticulteurs d'une région. On peut juger de ce qui devait arriver en partant de pareilles données !

Et pour vous montrer qu'ici même, à Annecy, les mêmes erreurs ont cours au sujet de la répartition du calcaire, je vais faire fonctionner un appareil que j'ai appelé *calcimètre*, en raison de son principal usage actuel, et qui va nous donner le p. 0/0 de calcaire de terres qui vous sont connues.

1° D'abord, une terre rouge prélevée dans les fissures du rocher, et grattée au couteau le long des parois de la carrière de pierre dure située en haut de la ville, au dessus de la caserne du Château.

Elle provient de la désagrégation du calcaire compact du néocomien. Elle a été jugée à l'œil très calcaire et renfermant, selon les appréciateurs, de 30 à 60 0/0 de calcaire. J'en ai introduit 5 grammes dans mon appareil : ils donnent un dégagement de 6 cent. cubes de gaz ; soit 12 cent. cubes pour 10 grammes. Je multiplie 12 par 4 et je trouve 48. Cette terre est à 0,48 0/0 de calcaire, soit en chiffres ronds 0,5 0/0 ; un demi pour cent ! J'affirme qu'un chaulage, ou que l'emploi des scories de déphosphoration à 40 0/0 de chaux vive, dans cette terre, agiront plus efficacement que des engrais acides ; qui s'en était jamais douté ?

2° Une terre que j'ai ramassée sous nos pieds, ici même dans le champ du concours, noire, riche en humus et formée par les alluvions modernes. Elle a été jugée moins calcaire que la précédente. J'en introduis 1 gramme seulement dans mon appareil, et il dégage 80 centimètres cubes de gaz. 32 0/0 de calcaire.

3° Voici votre pierre broyée, 0 gramme,

4 décigrammes; ils dégagent 98 centimètres cubes. Donc 98 0/0 de calcaire.

4° De la terre siliceuse prélevée entre Aix et le lac du Bourget; elle est jugée exclusivement siliceuse à l'œil, 1 gramme de cette terre dégage 35 centimètres cubes de gaz. $4 \times 35 = 140$, donc 14 0/0 de calcaire.

De ces différentes opérations vous concluez tout d'abord que s'il est une chose dont on a parlé souvent, jusqu'ici sans la connaître, c'est assurément le calcaire, et vous jugez quelles erreurs peuvent en résulter, soit au point de vue du choix des engrais, soit au point de vue de la reconstitution éventuelle des vignes détruites par le phylloxéra.

Vous voyez ensuite que rien n'est plus facile aujourd'hui que de connaître le p. 0/0 de calcaire afin d'éviter de pareilles erreurs. Chaque opération a duré une minute environ; ma méthode est sans dépense, à la portée de tous; elle ne nécessite ni apprentissage, ni outillage et permet de faire 300 à 400 déterminations par jour, opérations dont vous pouvez garantir l'exactitude à 1 0/0, sans autre précaution, simplement par l'emploi du facteur 4. Cela m'entraînerait trop loin de vous en donner la démonstration, et nous avons quelque chose de bien plus important à développer, au point de vue agricole.

Vous êtes en possession d'un chiffre de calcaire p. 0/0! quelle conclusion en tirer? à quoi cela va-t-il nous servir? C'est ce que je me propose de développer.

I

Quelle est la forme la plus convenable à donner aux engrais chimiques

Un sol a-t-il besoin d'azote et d'acide phosphorique, et en quelle quantité ? C'est l'analyse chimique complète qui seule le dira.

Mais vous savez qu'en général, ce qui manque le plus à tous les sols, ce sont ces deux principes fertilisants, et que d'ailleurs, les sols en fussent-ils suffisamment pourvus, il faut encore leur en ajouter pour obtenir une surproduction.

Sous quelle forme les offrira-t-on au sol ?

A. – S'il s'agit de l'azote par exemple, en quelle combinaison faudra-t-il l'employer ? Est-il indifférent, dans tous les sols d'ajouter de l'azote organique ou de l'azote ammoniacal ?

Pour fixer les idées, voici un sol calcaire, celui du champ du concours. Lui donnerons-nous du sulfate d'ammoniaque ? Voici ce que la théorie, ce que le laboratoire d'abord et ce que la pratique agricole nous apprend ensuite ; c'est que le sulfate d'ammoniaque se décompose en présence du calcaire ; il se dégage du carbonate d'ammoniaque reconnaissable à son odeur, reconnaissable au bleuissement d'un papier rouge de tournesol ; c'est autant de perdu ; et si la quantité d'eau va en diminuant, la nitrification s'arrête ; mais le dégagement d'ammoniaque ne s'arrête pas pour cela, au contraire,

Pour ces deux raisons, le sulfate d'ammoniaque ne doit pas être employé en sol calcaire ; non pas qu'il ne donne rien, mais on n'utilise pas tout, ou on l'utilise mal ; c'est une perte, c'est une faute, et il y a mieux à faire comme vous allez voir.

Quand dans ce même sol calcaire, on emploie de l'azote organique, la nitrification s'effectuera lentement, graduellement, sûrement. Vous savez comment M Winogradsky, le savant professeur de Zurich, est arrivé à la culture du ferment nitrique pur ; c'est en opérant avec le calcaire, qui est l'élément de prédilection de la nitromonade. C'est la vérification de cet adage des Anciens : « *Le calcaire dévore les engrais.* »

De plus, les matières organiques retiennent avec elles fortement l'eau que le calcaire tend au contraire à perdre, à gaspiller. La nitrification se fera d'une façon continue pendant toute la durée de la croissance de la plante ; l'utilisation de l'azote sera parfaite, sans déperdition ; l'azote ne sera livré à la plante qu'à mesure de ses besoins.

Aussi l'expérience a-t-elle répondu. Voyez les plus mauvais fumiers, celui de porc par exemple, les engrais les plus lents, comme la corne râpée ; en sols calcaires, ils produisent d'excellents résultats.

Nous savons donc ce qu'il faut faire et ce qu'il ne faut pas faire dès que nous savons si notre sol est très calcaire.

Mais prenons un sol *sans calcaire*, un sol granitique, acide, comme en Bretagne, ou un de ces limons ferrugineux de la Bresse, ou ce que les ingénieurs appellent les sables de Chagny.

Quel engrais azoté faudra-t-il y apporter? Vous le déduisez sans peine, et par réciproque, des énoncés précédents.

Le sulfate d'ammoniaque se nitrifie rapidement dans ces sols, plus rapidement que les matières organiques azotées, et cela est nécessaire en un milieu si peu favorable à la nitrification, puisque le calcaire, le milieu de prédilection de la nitromonade fait défaut. De plus le sulfate d'ammoniaque est un sel *grimpant* et s'il ne se nitrifie pas, il remonte pour se tenir en réserve, attendant la première pluie pour continuer son action.

Aussi, le sulfate d'ammoniaque a-t-il montré sa supériorité d'action en ces sortes de terres, dans les expériences les plus diverses, deux ans de suite dans le département de Saône-et-Loire, comme en font preuve les documents suivants.

1° Voir annales agronomiques, (T. XVII p. 297 du 25 juillet 1891) les expériences de MM. Girard et Muntz. La nitrification ne s'établit que très difficilement où il n'y a pas de calcaire.

2° Voir dans le *Progrès agricole*, (tome XII p. 198, deuxième semestre 1891), sous la signature de M. Battanchon. Action comparée de quelques engrais azotés dans un sol granitique, chez M. le docteur Chevalier, à Gibles.

	Paille	Grain
Témoin	2603 kilog.	1390 kilog.
Sulfate d'ammoniaq.	5568	2934

En 1891, même résultat sur avoine chez M. Thomas, propriétaire à la Mouche près Saint-Bonnet de Joux.

	Paille	Grain
Témoin	1460 kilog.	835 kilog.
Sulfate. d'ammonia.	3125	1780

Mêmes résultats encore chez nombre de propriétaires voisins, et pour toutes cultures dans la même région.

A côté de ces résultats plaçons ceux qu'on a obtenus, dans ces mêmes sols, par l'emploi des tourteaux de sésame et du sang desséché, à Gibles chez M. le docteur Chevalier.

	Paille	Grain
Témoin ci-dessus	2603 kilg.	1390 kilg.
Sésame sulfuré	2008	991
Sang desséché	2491	1317

Voilà de curieuses et instructives expériences qui doivent porter leurs fruits : il ne faut pas employer les engrais chimiques à tort et à travers ; on risque d'être en perte ; perte de temps et d'argent si on ne les choisit pas d'une façon convenable.

Il y a mieux ! Le sulfate d'ammoniaque, dans ces sols, est supérieur même au nitrate de soude, comme le montrent les résultats obtenus à la Mouche, chez M. Thomas.

	Paille	Grain
Témoin ci-dessus	1460 kilog.	835
Nitrate de soude	2960	1660
Sulfate d'ammonia.	3125	1780

D'après ces résultats, conformes d'ailleurs à la théorie que depuis 5 ans je cherche à faire prévaloir, on voit nettement la différence de forme à donner aux engrais azotés en sols calcaires et en sols non calcaires. Entre ces extrêmes, il y aura toute une gamme de sols plus ou moins calcaires, auxquels on donnera l'azote réparti en plus ou moins grande quantité sous l'une ou l'autre des formes jugées les plus convenables, d'après les principes précédents.

B. - Ce que nous venons de dire de l'azote nous pouvons le répéter, mot pour mot, en passant à l'acide phosphorique.

En sol *calcaire*, quelle sorte de phosphate, acide ou alcalin, faut-il employer? Que faut-il faire? Que faut-il ne pas faire?

En sol *non calcaire*, quelle sorte de phosphate faut-il employer? Que faut-il faire? que faut-il ne pas faire?

Encore quatre questions parallèles aux précédentes, auxquelles je vais répondre de même, théoriquement et expérimentalement, avec preuves à l'appui, venant également des laboratoires et de la grande culture.

En sols calcaires, il faut employer les superphosphates acides, destructeurs de calcaire; car le sulfate de chaux, bien qu'étant un sel de chaux est à un abîme de distance du calcaire par ses propriétés; il y a autant de différence entre eux qu'entre le carbonate de soude des ménagères et le sulfate de soude avec lequel on se purge! Vous avaleriez sans danger 50 grammes de sulfate de soude; oseriez-vous boire 5 grammes de cristaux de soude, avec lesquels on fait la lessive? Tous deux sont cependant des sels de soude ! Aussi, rien n'est-il plus faux que d'entendre dire ; « les superphosphates de chaux apportent de la chaux ! » c'est comme si l'on disait qu'on aura respiré de l'oxygène en aspirant de la rouille. Je fais cette petite digression parce qu'elle me semble utile en agriculture, où jusqu'ici j'ai vu les lois de l'*affinité*, les différences les plus élémentaires entre le *mélange* et la *combinaison* absolument méconnues, absolument foulées aux pieds ; laissons donc de côté l'expression de *sols très riches en chaux*, où il n'y a point de chaux du tout ! et revenons à nos sols calcaires :

Les superphosphates y auront une action bienfaisante. Les scories de déphosphoration, renfermant 40 0/0 de chaux vive, caustique, à l'état alcalin ne feront qu'augmenter le défaut dû à l'excès de calcaire ; leur action sera moins efficace.

En sols non calcaires, les superphosphates ajoutant leur acidité à celle du sol, auront une influence défavorable ; tandis qu'au contraire les scories de déphosphoration apportant de la chaux vive qui se transformera lentement en calcaire, auront une action parfois merveilleuse.

Je n'ai que l'embarras du choix pour citer des exemples de grande culture confirmant les énoncés précédents En voici quelques-uns ; dans une prochaine publication j'en citerai beaucoup d'autres. (1)

(1) Le Calcaire, sa détermination et son rôle dans les terres arables, par A. Bernard. — 1 volume en vente à la librairie du *Progrès agricole* et chez l'Auteur, à Cluny, depuis le 1er septembre 1892.

En Bretagne, M. Bobierre avait employé des superphosphates sur des cultures de sarrazin; le superphosphate a déterminé la perte de la récolte, tandis que les phosphates fossiles simplement pulvérisés ou le noir animal, ont donné au contraire d'excellents résultats (1).

Avec les scories de déphosphoration, me sera-t-il permis d'ajouter, le résultat eût encore été meilleur!

Voilà ce qu'il faut et ce qu'il ne faut pas en sols non calcaires.

Réciproquement *en sols calcaires*, les scories ont produit peu d'effet comme par exemple dans les terres calcaires de l'oxfordien; tandis que les superphosphates, y eussent beaucoup mieux réussi.

M. Siraudin, à Blany, commune de Laizé, avait ainsi employé beaucoup de scories, au commencement de l'apparition de celles du Creusot en agriculture; je n'ai vu, dit-il, aucun effet appréciable.

Chacun sait comment l'emploi des phosphates fossiles a été avantageusement remplacé par celui de ces mêmes phosphates traités par l'acide sulfurique, ou superphosphates, toutes les fois que l'on opérait dans un sol renfermant assez de calcaire. Ce sont des neutralisations qu'on cherche en résumé, ou des réactions lentes qu'on a en vue de provoquer dans le sein de la terre.

Tous ces faits, en détail, sont connus; je n'ai d'autre prétention, en ce moment, que de les coordonner en un corps de doctrine et de les résumer en une seule ligne:

(1) Dehérain, Chimie agricole, p. 441.

C'est la proportion de calcaire qui règle la forme à donner aux engrais azotés et phosphatés.

II

Le sulfate de fer est-il un poison, ou un engrais?

Ce sel, si décrié et si préconisé tout à la fois, règle ses effets exclusivement d'après *la proportion de calcaire*.

Utile en sol à excès de calcaire, il est nuisible en sol non calcaire.

De là un moyen de combattre la *chlorose*, due la plupart du temps à un excès de calcaire.

La chlorose se combattra par l'emploi des sels de fer en combinaison *au minimum*, *sulfate de fer, protochlorure de fer*, et *même sulfure de fer, limaille de fer*.

Les composés du fer *au minimum d'oxydation*, par leur action lente, provoquent au sein de la terre, et par suite dans la plante, une série de réactions lentes et *acides*, qui combattent l'alcalinité due à l'excès du calcaire.

Ces réactions acides sont dues à la facile migration de l'oxygène de l'air dans les composés du fer, en présence des matières organiques.

Ce serait trop long pour aujourd'hui, et peut-être trop abstrait, de vous exposer ces réactions, et comment le fer est un véhicule de l'oxygène de l'air.

Qu'il vous suffise donc de retenir que le sulfate de fer ne doit pas être employé à tort et à travers, et, qu'avant d'en faire usage, il faut connaître le pour 0/0 de calcaire du sol auquel on le destine.

Autant il se conduira comme un amendement merveilleux en sol à *excès* de calcaire, autant il sera un poison énergique en sol sans calcaire. Ce n'est pas un engrais.

Entre ces deux extrêmes, sols très calcaires, et sols à 0 p. 0/0 de calcaire, il pourra agir, mais à des doses très modérées. A moins que le sol ne renferme un excès de calcaire, je conseille de s'abstenir de son emploi.

C'est un décalcarisateur. A quoi bon l'employer en un sol qui n'est pas *trop calcaire ?*

M. Dehérain, dans son récent traité de chimie agricole, p. 790, veut bien faire mention de mes travaux sur ce sujet, et admet qu'ils donneront la raison des divergences d'appréciation sur les effets du sulfate de fer.

III

Le chiffre du calcaire p. 0/0 contribuera à faciliter l'étude de *l'adaptation*.

Il est admis que l'adaptation a pour principal facteur la proportion de calcaire, entendue comme je l'ai expliqué ailleurs, suivant son assimilabilité.

Il faut bien se garder ici de toute confusion. Les uns disent : il y a du calcaire plus ou moins dur, plus ou moins compact, plus ou moins crayeux, plus ou moins marneux, etc., et, par suite, plus ou moins *assimilable*.

Les autres : il n'y a pas deux sortes de

calcaire ; tout calcaire est une substance chimique, carbonate de chaux, attaquable sous sa forme la plus compacte et la plus dure, comme le prouve l'expérience des haricots germant sur une plaque de marbre et y imprimant leurs racines en une sorte de gaufrage visible et tangible : donc les subdivisions précédentes sont sans objet.

Je ne me range à aucune de ces opinions opposées, parce que ni l'une ni l'autre n'apporte assez de précision dans la définition de l'assimilabilité.

Non ! il n'y a pas deux sortes de calcaires plus ou moins assimilables ! La solubilité par *unité de surface* reste la même partout ; il n'y a qu'à tenir compte de la surface d'action. Or, la première loi d'agronomie c'est que *les surfaces, pour un même volume sont inversement proportionnelles aux dimensions homologues,* ou encore, un fragment de calcaire étant broyé, *les surfaces d'action sont proportionnelles à la racine cubique du nombre de fragments* en lesquels le fragment a été broyé

Et par suite, la ténuité sera la meilleure mesure de l'assimilabilité ; la ténuité elle-même sera la ténuité naturelle, variable avec la nature géologique du sol, comme le prouve ce fait nouveau que je crois être le premier à signaler, et dont je crois avoir trouvé l'explication.

Les terres calcaires se partagent en deux grandes catégories : 1° celles dont le pour 0/0 de calcaire décroît avec la ténuité ;

2° Celles dont le calcaire augmente avec la ténuité ; il est entendu que j'opère sur la terre *naturelle, non broyée*, tamisée et séchée.

Je ne sais ce que l'avenir réserve comme application de ce fait inattendu, mais, à coup sûr, il ne semble pas dépourvu d'une certaine importance, même dès aujourd'hui.

Si l'on réfléchit à ce fait, qu'à 100 pas de distance, dans presque tous les villages du Mâconnais, comme du reste en travers des formations jurassiques de la Côte-d'Or et de l'Ain, on passe d'un sol à 50 pour 0/0 de calcaire à un sol à 0 pour 0/0, et cela, sans que jamais, depuis des siècles, aucun viticulteur s'en fût douté, on peut juger combien de fausses manœuvres eussent été évitées avec cette simple connaissance du pour 0/0 de calcaire !

Où commence, où finit, en une même commune, en un même lieu dit, en un même champ, la terre de facile ou de difficile adaptation ? Le pour 0/0 de calcaire va vous l'indiquer *à priori* ; voici des chiffres :

Le 6 avril dernier je recevais, sur ma demande, de M. Feyeux, propriétaire à Viré, canton de Lugny, huit petits paquets de terre provenant d'une même vigne inégalement chlorosée, et ainsi étiquetés :

N° 1 pas de chlorose
id. 2 id.
id. 3 forte chlorose
id. 4 id.
id. 5 assez forte chlorose
id. 6 pas de chlorose
id. 7 id.
id. 8 assez forte chlorose.

Ces huit échantillons, tamisés, séchés et analysés me donnent :

N°	1	5,5	pour 0/0 de calcaire
id.	2	5,2	id.
id.	3	30,8	id.
id.	4	30,8	id.
id.	5	19,5	id.
id.	6	2,2	id.
id.	7	2,2	id.
id.	8	20,8	id.

On voit nettement ici la chlorose dépendre uniquement du pour 0/0 de calcaire. La formation géologique est pourtant la même ; mais elle semble partagée en bandes transversales d'inégale composition, probablement à cause de l'eau venant des forêts qui couronnent la montagne voisine, et dans lesquelles la vigne se chlorose très inégalement comme on voit.

En replantant d'abord les terrains reconnus les moins calcaires, et ces sols sans calcaire sont plus nombreux qu'on ne croit dans les formations jurassiques, on ne court pas le risque de voir sa plantation dépérir par la chlorose.

Les terrains les plus calcaires seront consacrés à des essais et réservés aux hybrides, aux plants nouveaux annoncés comme résistant bien en terrain calcaire.

Et enfin, au pis-aller, si la chlorose se déclare, on saura, à coup sûr, que l'emploi des sels de fer à l'état de protoxyde, combattra efficacement la chlorose due à l'excès de calcaire.

Des plants nouveaux bien reconnus pour ne pas se chloroser en terrain calcaire, m'a-t-on dit, vaudraient beaucoup mieux que ces plants qu'on doit avoir le souci de soigner par le sulfate de fer.

Assurément ! Mais qui peut, étant donnée jusqu'ici l'ignorance dans laquelle on a vécu de la notion du calcaire, qui peut se vanter de n'avoir pas replanté, à tort, des cépages non résistants en terrain calcaire ?

Parmi les centaines de lettres que j'ai reçues à ce sujet, il en est de bien curieuses. L'un m'écrit :

« J'avais cru, comme la plupart de mes « confrères en viticulture, que le calcaire « se reconnaît et s'apprécie à l'œil ; et j'ai « replanté mon vignoble en plants améri- « cains qui n'ont pas tardé à disparaître, « je ne savais d'abord pour quelle cause.

« Alors je l'ai fait replanter une deuxième « fois, en riparias que je croyais bien plus « résistants. Mais mes vignes recommen- « cent à jaunir.

« Sur ces entrefaites, je lis dans vos ar- « ticles et ailleurs, qu'au-delà de 20 « pour 0/0 de calcaire les riparias sont « compromis, qu'on se trompe parfois « grandement en jugeant le calcaire à l'œil, « etc. J'ai alors l'idée de faire analyser « mon terrain..... Je me trouve à la tête « de 45 pour 0/0 de calcaire !

« Ah ! ma situation n'est pas gaie ! « Faudra-t-il, encore arracher pour replan- « ter une troisième fois ? Faudra-t-il, au « lieu de replanter, attendre d'avoir assez « de *berlandieris* ? En attendant, je me « cramponne à cette seule planche de salut « que vos articles m'ont fait entrevoir :

« *combattre la chlorose par le sulfate de* « *fer !* »

Je ne conseillerai donc jamais de planter indifféremment tel ou tel cépage en sol calcaire, pour avoir ensuite la coûteuse gloire de le maintenir contre la chlorose par le sulfate de fer ; mais, quand la faute a été commise, j'estime qu'on doit encore être heureux de recourir à l'emploi des composés du fer dont l'action est indéniable.

J'ai déjà dit que dans tout le jurassique on passait parfois de 50 pour 0/0 de calcaire à 0, et cela sans s'en douter Ces sols à 0, seront tout d'abord replantés les premiers.

La vigne française ne craignait pas le calcaire ; là où elle venait bien, le salut n'est pas toujours assuré, sans exception, avec la vigne américaine. Mais là où elle venait bien, si l'on constate l'absence, ou de faibles proportions de calcaire, on aura les plus sérieuses chances de réussite.

Il importe donc, au plus haut point, de connaître la répartition de cet invisible ennemi, *le calcaire*, dans le territoire de chaque commune. Quel est le moyen d'y arriver ?

IV

C'est de faire la *carte agronomique communale* du calcaire.

Je laisse, à dessein, de côté les cartes figuratives de l'azote, élément organique trop mobile, variable avec la profondeur, les siècles, les cultures, etc.

Je laisse de côté également les déterminations très délicates, très longues, très dispendieuses de l'acide phosphorique et de la potase, déterminations qui, d'une manière générale, suivront le calcaire parallèlement, en une même formation.

Chaque jour suffit à sa peine ; nous voulons travailler avec méthode et pour le moment nous ne voulons entreprendre qu'une chose immédiatement réalisable, nous voulons nous borner à la représentation graphique du calcaire, qui, des trois principes minéraux du sol, est le plus actif, et a par suite une action prépondérante.

La rapidité avec laquelle on peut connaître le pour 0/0 de calcaire en chaque point (jusqu'à 300 déterminations par jour), permet à tous d'arriver à faire la carte du calcaire.

L'opération est tellement simple, tellement facile et m'a paru présenter tellement de grandes conséquences que je n'ai pas hésité à faire appel à la bonne volonté de tous.

C'est vous dire combien je suis heureux d'avoir rencontré dans deux départements déjà, en Saône-et-Loire et dans la Haute-Marne, des collaborateurs dévoués, magistrats, médecins, instituteurs, propriétaires, qui me font des prélèvements de sachets de terre (10 à 20 grammes) en travers des principales couches géologiques de leur commune et me les envoient pour faciliter mes recherches et les multiplier.

Rien n'est plus dangereux que les généralisations trop légèrement déduites, et c'est surtout comme ensemble, que ces déterminations de calcaire acquièrent de la valeur, parce que, comme j'espère le démontrer, chaque formation géologique a une composition minérale moyenne qui se retrouve toujours dans une même région naturelle :

C'est à ce point que, en géologie, les synonymies si nombreuses et par suite si désagréables, sont parfois empruntées aussi bien aux caractères minéralogiques qu'aux caractères paléontologiques. Seulement on connaît l'inconvénient de ces dénominations tirées de la composition minéralogique : elles n'avaient plus leur raison d'être en des formations très éloignées, très différentes comme composition minérale et cependant de même âge. Voilà comment M. d'Orbigny a été amené à préférer les noms de *lieux* où l'étage est bien caractérisé, à celui des noms tirés de la composition minéralogique.

Quoi qu'il en soit, en une même formation, restreinte à une même région naturelle comprenant parfois deux ou trois départements, les caractères minéralogiques sont les mêmes en général ; et chaque formation a sa caractéristique en calcaire, en acide phosphorique et en potasse.

C'est ainsi que je savais, non point par l'aspect de la terre, mais par analogie avec ce que j'ai déduit de l'analyse de formations identiques, que votre rocher très-dur de néocomien et très calcaire devait donner une terre très-peu calcaire, comme ailleurs le corallien, comme ailleurs le bajocien qui forment des crêtes donnent également des sols peu calcaires.

Mais l'oxfordien, alors même qu'il forme des crêtes élevées de l'oxfordien supérieur, quoique moins riche en calcaire pur, donne des sols allant de 20 à 30, 40 et parfois même 50 pour 0/0 de calcaire.

La grande oolithe donne des sols allant jusqu'à 72 0/0 de calcaire, et, à quelques pas, le callovien, des sols de 0 pour 0/0!

Les marnes irisées et les marnes du lias sont extrêmement riches en potasse.

Par contre, autant les marnes du lias sont riches en acide phosphorique, autant les marnes irisées en sont dépourvues. Donc, chaque formation a sa caractéristique différente en minéraux, et, connaissant l'une de ces trois caractéristiques, on aura en général les deux autres, après qu'on aura analysé complètement en un certain nombre de points les types les plus nets des diverses formations.

J'avoue qu'en un sol aussi varié que celui que j'étudie depuis cinq ans, avec passion, je puis le dire, les choses n'ont pas marché toutes seules, surtout dans les commencements. Il n'est pas rare d'y rencontrer dix formations géologiques différentes sur un parcours d'un kilomètre. Ces écarts considérables de 0 à 50 pour 0/0, quelquefois en une même propriété, m'ont plus d'une fois dérouté, et m'ont donné la tentation d'attribuer au hasard la répartition du calcaire.

Mais, par le lavage des terres, par l'examen des pierres restantes et des fossiles qu'on y rencontre parfois, par l'étude des cartes géologiques récemment parues, grâce à l'obligeance de quelques propriétaires qui m'envoyaient, sur un fragment de carte de l'état-major, l'emplacement aussi exact que possible de l'échantillon de terre prélevé, grâce enfin au nombre de prélèvements faits d'une façon systématique, j'ai pu ensuite me convaincre que le hasard n'est pour rien dans la distribution du calcaire et que, à part les éboulis, les terres remaniées par les eaux, les formations différentes se retrouvent partout et toujours avec une régularité remarquable et avec leur caractéristique minérale.

L'azote seul est rebel à cette régularité.

Les remaniements dus à la nature peuvent seuls entrer en ligne de compte ; mais ceux dus à la culture, même aux chaulages énergiques ne changeront point le pour 0/0 de calcaire d'une certaine étendue. Le travail lent de la nature est infiniment supérieur à celui de l'homme.

J'étais tellement persuadé des enseignements nouveaux qui résulteraient de ces études d'ensemble que j'ai tracé le programme suivant dans le *Journal* de *l'Agriculture* de M. Sagnier, n° du 6 février 1892, page 257.

J'ai pris mes mesures pour avoir, aux premiers beaux jours, une dizaine *de coupes en travers* des principales formations jurassiques du Mâconnais. Chaque coupe sera obtenue en prélevant une poignée de terre à tous les cinquante pas.

Je ne crois pas trop m'aventurer, en soupçonnant que la proportion de calcaire délimitera très nettement chacune des huit formations précitées (de Jiv à J4 de la carte des mines) Puis je ferai la représentation graphique du résultat ; j'ai la conviction que les lignes d'*égal-calcaire* détermineront une même formation, et fourniront une image de la carte géologique elle-même. »

Vous allez juger dans quelle mesure ma prévision s'est réalisée, quand je vous aurai soumis les résultats ; 1° des coupes en travers; 2° du tracé des courbes d'égal-calcaire.

Voici d'abord la manière uniforme adoptée.

Le trajet, imposé et suivi, est tracé horizontalement sur du papier quadrillé au millimètre (que vous trouvez chez tous les libraires) à une échelle convenue, 1 à 10,000, qui est généralement celle des cartes d'assemblage communales.

Le calcaire obtenu en chaque point est figuré par un autre point, distant verticalement d'autant de millimètres qu'il y a d'unités de calcaire pour 0/0.

Les points ainsi obtenus sont réunis, et, par ce simple graphique, on reconnaît aussitôt que, malgré les revolutions du globe, malgré les cultures diverses qui durent depuis des siècles, chaque formation apparait avec sa proportion propre de calcaire; les contours seuls sont légèrement estompés.

On reconnaît alors la puissance des grands nombres ! Ils échappent à toute comparaison tombant sous nos sens.

Qu'on calcule combien il faudrait de tonnes de calcaire pour élever de 1 pour 0/0 seulement celui de un hectare sur 0m,50 de profondeur, on verra de suite que la nature seule, sur les grandes étendues, est capable de ce travail qui pourra durer des siècles.

Voilà comment, malgré l'étroitesse de la bande du callovien, on la reconnait partout à cette singularité qu'elle est placée entre deux bandes calcaires de 40 à 60 pour 0/0, la *grande oolithe* et l'*oxfordien* : je laisse de côté le bathomien qui n'est que rudimentaire en nos régions

On ne fait plus des mots *jurassique* et *calcaire* des synonymes comme cela est arrivé tant de fois. On reconnaît qu'une roche et que les pierres qui s'en détachent sont calcaires, mais que parfois la terre ne l'est pas; j'ajouterai même : *et réciproquement*, bien que, jusqu'ici, je n'aie rencontré qu'un seul exemple de terre calcaire avec des pierres qui ne le sont pas. Le fait, pour être rare, n'en existe pas moins.

On comprend comment, non loin d'ici, près du Bouveret, sur des rochers calcaires, M. Grandeau a constaté la présence du châtaignier, l'arbre calcifuge par excellence, plus calcifuge même que les vignes américaines.

Je sais combien il est difficile de faire accepter d'emblée ces faits qui renversent les idées reçues, et qui, selon l'expression de plusieurs professeurs départementaux, leur avaient ménagé de nombreuses surprises. On a été jusqu'à nier que la roche au-dessus de laquelle poussent les châtaigniers mentionnés par M. Grandeau fût calcaire. « C'est, m'a-t-on écrit, un de ces « dépôts glaciaires, très communs à la « Suisse, et qui n'a rien à voir avec les roches calcaires ! »

D'après l'exemple pris dans les carrières même d'Annecy, vous voyez que la chose n'est pas impossible, et que sur ces sommets le châtaignier pourrait venir sans que cela eût rien d'anormal.

M. Dehérain cite le même exemple entre la Dordogne et la Corrèze (p. 451. *Chimie agricole*). Je pourrais vous en citer d'autres dans le callovien.

J'ai trouvé des fanatiques du châtaignier qui depuis vingt ans font de vains efforts pour l'obtenir dans certain pays très-calcaire où prospérait la vigne française. « L'histoire des châtaigniers de M. Grandeau, « au bout du lac de Genève, m'a rendu « rêveur » m'écrivait l'un d'eux. Et ils s'est remis à espérer en la réussite de l'arbre tant désiré.

Figurez-vous qu'il prenne fantaisie aux vignerons du Mâconnais d'accomplir le rêve de mon correspondant et d'avoir chez eux l'arbre à pain du Limousin ! Cela serait-il absolument irréalisable ? Non : ils peuvent, en plein jurassique, entre des terres à 40 pour 0/0 de calcaire, le faire réussir en une étroite allée de 40 kilomètres de long sur à peine 50 mètres de large, dont l'emplacement est nettement indiqué dans les divers graphiques obtenus que je vais vous soumettre.

N'est-ce pas singulier? Ce ne sont pas là des faits d'exception ; mes déductions ne sont pas, comme on dit vulgairement, tirées par les cheveux. Ce ne sont pas des variations insensibles, douteuses, auxquelles on à affaire ; mais des variations de 0 à 60 pour 0/0 à quelques pas de distance.

Avant que ces nombreuses analyses de calcaire fussent possibles, qui s'en était jamais douté ? même parmi mes collaborateurs les plus éclairés ? Dira-t-on encore que le calcaire se reconnaît à l'œil? Ces terres si voisines et si différentes, continuera-t-on à les traiter de la même façon sous prétexte que de la terre c'est toujours de la terre?

Evidemment non! Voilà des résultats applicables partout, parce qu'ils dérivent des lois générales de la distribution des formations géologiques, et des résultats visibles en ces simples graphiques.

Il n'y a plus maintenant qu'à multiplier ces *coupes en travers* dont je viens de vous entretenir et qui nous ont donné la clef de bien des problèmes; si elles sont assez rapprochées en une même commune, tout son territoire sera bientôt comme enserré en un réseau à mailles plus ou moins larges.

On portera alors le pour 0/0 de calcaire, non plus sur du papier quadrillé, mais sur un calque du plan d'assemblage de la commune. En joignant par une ligne continue les points ayant la même proportion de calcaire, on obtiendra les courbes que j'ai appelées d'*égal-calcaire*, analogues aux courbes de niveaux et délimitant les formations géologiques.

On aura une image fidèle de la carte géologique, mais plus détaillée, plus nuancée, plus utile, parce qu'elle s'applique à la terre qu'on travaille et non au sous-sol dont elle n'est pas toujours le reflet, témoins ces sols à 0 provenant de sous-sols à 98 pour 0/0, qui occasionnent, depuis des siècles, tant de méprises.

Tandis que par tout autre système on n'a que des indications isolées, éparses, peu nombreuses, *discontinues*, avec mon système de courbes, et à cause de la multiplicité des prélèvements, on a des indications *continues*, qu'on juge dans un ensemble.

Comme je l'ai déjà dit, on saura ainsi à l'avance où commencent, où finissent les sols de facile ou de difficile adaptation et dans ceux-ci l'emploi des composés du fer sera tout indiqué.

Pour faire cette carte communale avec courbes d'égal-calcaire, il n'y a ni fouilles à effectuer, ni fossiles, animaux ou plantes à déterminer.

Le premier venu, sans apprentissage, va pouvoir obtenir, moins les noms, qui importent peu, mais avec des chiffres, ce qui vaut beaucoup mieux, l'image perfectionnée, rectifiée même parfois, oserai-je dire, de ces admirables cartes géologiques auxquelles on travaille depuis des siècles, et confiées aujourd'hui à nos plus savants ingénieurs, ceux du corps des mines.

Et pour faire ce travail, il suffirait, avec 300 déterminations par jour, de quelques jours en chaque commune au plus ignorant en géologie !

Je m'empresse d'ajouter que ce sera une belle occasion de l'apprendre, et de se convaincre que toutes les sciences naturelles, botanique, géologie, chimie, concordant au même résultat, doivent, dans toute étude sérieuse du sol, se prêter un mutuel appui.

Je vous prie de jeter un coup d'œil : 1° sur les divers graphiques au nombre de sept que j'ai obtenus de 188 prélèvements en travers des formations jurassiques du Mâconnais, et de les comparer ensuite les uns aux autres, et à la feuille géologique Mâcon, pour vous rendre compte des étages traversés.

2° Sur la première carte communale avec courbes d'*égal-calcaire* qui m'ait été envoyée ; c'est celle de la commune de Breuil-sur-Marne, qui vient d'être faite par M. P. Bogé, instituteur de cette commune ; je souhaite que dans les prochains concours régionaux chaque commune tienne à honneur d'envoyer une pareille carte, parce que je crois que de grands progrès en dépendent, et que leur confection sera peut-être le signal d'une ère agricole nouvelle.

Je crois avoir mis un outil agricole nouveau entre les mains des chercheurs ; par le simple exposé précédent de ses principales applications ; est-il téméraire d'en espérer de nouveaux progrès ?.

A. Bernard.

Agrégé de l'Université,
Directeur du laboratoire départemental
de Saône-et-Loire.

Annecy. Imprimerie J. Dépollier et Cie

www.ingramcontent.com/pod-product-compliance
Lightning Source LLC
Chambersburg PA
CBHW071936160426
43198CB00011B/1428

* 9 7 8 2 0 1 1 2 6 7 6 9 6 *